Scheier/Held · Wie Werbung wirkt

Für Betty, Inge und Kati,
ohne deren Liebe und Unterstützung
dieses Buch nie entstanden wäre.

Wie Werbung wirkt

Erkenntnisse des Neuromarketing

Dr. Christian Scheier
Dirk Held

Haufe Mediengruppe
Freiburg · Berlin · München

Bibliografische Information Der Deutschen Bibliothek

Die Deutsche Bibliothek verzeichnet diese Publikation in der Deutschen Nationalbibliografie; detaillierte bibliografische Daten sind im Internet über http://dnb.ddb.de abrufbar.

www.haufe.de/neuromarketing

ISBN 978-3-448-07251-8   Bestell-Nr. 00053-0001

© 2008, Rudolf Haufe Verlag GmbH & Co. KG, Niederlassung Planegg/München
Postanschrift: Postfach, 82142 Planegg
Hausanschrift: Fraunhoferstraße 5, 82152 Planegg
Tel. 089 89517-0, Telefax 089 89517-250
Internet: www.haufe.de
E-Mail: online@haufe.de
Redaktion: Bettina Noé
Lektorat: Ulrike Rudolph

Anschrift der Autoren: decode Marketingberatung GmbH,
Dr. Christian Scheier, E-Mail: scheier@decode-online.de
Dirk Held, E-Mail: held@decode-online.de
Graumannsweg 19, 22087 Hamburg

Umschlaggestaltung: Hermann Kienle Visuelle Kommunikation, 70199 Stuttgart
Satz/Layout: albin fendt S6-media, 82152 Planegg
Druck: Schätzl Druck, 86609 Donauwörth
Zur Herstellung der Bücher wird nur alterungsbeständiges Papier verwendet.

Inhalt

Vorwort

Jedes Jahr investieren Unternehmen in Deutschland etwa 80 Milliarden Euro in Kommunikationsmaßnahmen. Schon die einmalige Schaltung eines einzelnen Fernsehspots zur besten Sendezeit kann 100.000 Euro und mehr kosten. Wie aber wirken diese Maßnahmen? Führen sie zum erwünschten Ziel? Was macht erfolgreiche Werbung aus? Viele Experten und Forscher haben im Laufe der letzten Jahrzehnte versucht, der Formel für wirksame Werbung auf die Schliche zu kommen. Nicht wenige Praktiker gehen davon aus, dass sich die Wirkung von Werbung gar nicht erklären lässt und das „Bauchgefühl" des Machers entscheidend ist. Nicht selten gibt es Grabenkämpfe zwischen den Forschern, die nach Regeln rufen, und Kreativen sowie Praktikern, die danach streben, genau diese Regeln zu brechen.

Vor Kurzem sind Hirnforscher und Mediziner auf der Bildfläche erschienen und haben unter dem Schlagwort „Neuromarketing" eine neue Perspektive ins Spiel gebracht. Was, wenn wir den Kunden einfach in die Köpfe blicken könnten, während sie sich einen Fernsehspot anschauen? Würde speziell die klassische Werbung ihren Mythos verlieren und der Konsument nun „gläsern" werden? Spannend sind die neuen Erkenntnisse und Verfahren der Hirnforscher allemal. Aber können wir damit wirklich besser verstehen, wie Marken und Werbung in den Köpfen der Kunden wirken? Die Antwort lautet: Ja! Das liegt jedoch weniger an den Hirnscannern, mit denen die Forscher seit Neuestem die Hirnaktivierung von Kunden nachvollziehen, sondern an den Erkenntnissen über die Funktionsweise des Gehirns insgesamt. Sie eröffnen ungeahnte Chancen für die wirksame Ansprache der Kunden in der Werbung und der Markenkommunikation. Dieses Buch beschreibt, worin genau diese Chancen liegen und wie wir sie nutzen können.

Warum dieses Buch geschrieben wurde

In unserer täglichen Arbeit mit Kunden aus den unterschiedlichsten Branchen werden wir immer häufiger gefragt, was es mit dem Thema „Neuromarketing" auf sich hat. Ist das alles ein kurzfristiger Modetrend? Oder eröffnen uns die Hirnforscher jetzt den Zugang zu einem magischen „Kaufknopf" im Kopf? Sind die Hirnscanner die neue Lösung und war all das falsch, was wir bislang gemacht haben? Zur Neugier mischt sich eine gehörige Portion Unsicherheit, wie mit dem Thema Neuromarketing umgegangen werden soll. Dazu tragen auch die immer häufiger auftretenden

„Berater" bei, die sich durch den Zusatz „Neuro-" neuen Glanz verschaffen wollen.

Das Problem für viele: Hirnforschung lernt man nicht in zwei bis drei Tagen. Das gilt für den Marketer wie für den Werber, den Marktforscher und den Berater. Die Materie ist komplex und nicht leicht zu durchdringen, zumindest wenn man das Thema ernsthaft und fundiert angehen will. Womit wir beim ersten Grund sind, warum dieses Buch geschrieben wurde: Wir wollen Klarheit darüber schaffen, wie das Thema Neuromarketing einzuordnen ist und welches die wirklich relevanten Erkenntnisse der Hirnforschung für die Kommunikation und die Werbung sind. Dabei helfen uns zehn Jahre in der einschlägigen Grundlagenforschung, unter anderem an einer der weltweit führenden Universitäten für Hirnforschung und Neuroökonomie, dem California Institute of Technology in den USA, und weitere zehn Jahre in der Praxis der Werbung und Marktforschung. Der zweite und wichtigere Grund für dieses Buch ist aber: Eine der großen Herausforderungen im konkreten Werbealltag anzugehen, nämlich die Umsetzung vom Produkt und der inhaltlichen Idee in konkrete, wahrnehmbare und vor allem wirksame Kommunikationsmaßnahmen. Denn am Ende ist das Werbemittel, die Website oder die Verpackung die Schnittstelle zum Gehirn des Kunden. Und genau hier, zwischen Strategie und Umsetzung, klafft eine erhebliche Lücke in der Praxis. Diese oft sehr teure Umsetzungslücke wollen wir in diesem Buch schließen. Wir entwickeln und beschreiben deshalb – basierend auf Erkenntnissen des Neuromarketings – einen systematischen und praxisnahen Weg von der Strategie in die Umsetzung. Genau an dieser Stelle helfen die Erkenntnisse der Hirnforschung, aber auch angrenzender Disziplinen wie etwa der Psychologie schon heute weiter.

An wen sich dieses Buch richtet

Dieses Buch wendet sich zunächst an alle, die sich für das Neuromarketing und seine Anwendung auf die Kommunikation von Marken und Produkten interessieren. Wer schon immer wissen wollte, wie das Gehirn auf Marken und Werbung reagiert, findet in diesem Buch Antworten. Aber auch Experten, die tagtäglich mit diesen Themen beschäftigt sind, werden hier auf ihre Kosten kommen. Wir beschreiben anhand einer Vielzahl von Beispielen, was Kommunikation erfolgreich macht und wie man die Erkenntnisse des Neuromarketings für die wirksame Ausgestaltung aller Kontaktpunkte mit einer Marke, allen voran der Werbung, nutzen kann.

Das Buch setzt keine Kenntnisse der Hirnforschung voraus. Interessierte Leser finden in speziellen Infoboxen detaillierte Informationen zur Funktionsweise des Gehirns. Diese Details sind aber nicht nötig, um dem Buch zu folgen und daraus Erkenntnisse für den Alltag abzuleiten. Konkrete Anregungen und Übungen für die Umsetzung der Erkenntnisse in die Praxis runden das Buch ab.

Wie dieses Buch aufgebaut ist

Das Buch nimmt Sie mit auf eine faszinierende Reise zu den neuesten Erkenntnissen des Neuromarketing. Zuerst schauen wir uns an, was unter dem Begriff zu verstehen ist. Da dieses Buch Werbung und damit Kommunikation zum Thema hat, nehmen wir die Kommunikation aus Sicht des Neuromarketings genauer unter die Lupe. Anschließend räumen wir hoffentlich endgültig mit dem Bild des rational und reflektiert handelnden Menschen auf und zeigen, wie mächtig unsere unbewussten Verhaltensprogramme sind und wie diese Programme für das Marketing genutzt werden können. Wir lernen dann die Wege ins Gehirn unserer Kunden kennen und wie diese Wege gesteuert werden müssen, um Produkte erfolgreich zu vermarkten. Als letztes Rüstzeug zeigen wir auf, was unsere Kunden eigentlich antreibt, was Verhalten auslöst und wie Kommunikation dieses Verhalten beeinflussen kann. Bevor wir dann ein Modell zur Steuerung von Markenkommunikation entwickeln, zeigen wir, dass Werbung zu 95 Prozent unbewusst wirkt. Das von uns auf Basis des Neuromarketing entwickelte Code Management zeigt abschließend ganz konkret, wie die Markenkommunikation erfolgreich gesteuert und wie die Lücke zwischen Produkt, Strategie oder Idee und der Umsetzung in Kommunikationsmaßnahmen geschlossen werden kann.

Im ersten Kapitel fassen wir alles Wichtige zum Thema Neuromarketing zusammen – was es ist und was wir uns davon wirklich versprechen können. Das zweite Kapitel beleuchtet die für die Kommunikation wichtigsten Hirnstrukturen und zeigt, um was es aus Sicht der Hirnforschung in der Kommunikation tatsächlich geht: Bedeutung. Das dritte Kapitel macht deutlich, mit wem wir eigentlich kommunizieren, wenn wir Werbebotschaften aussenden: dem Autopiloten im Kopf der Zielgruppe. Im vierten Kapitel beschreiben wir die vier Zugänge zum Gehirn des Kunden, die wir in der Werbung nutzen können, und welche dieser Zugänge sich an den Autopiloten richten, dem eigentlichen Adressaten der Werbung. Das fünfte Kapitel zeigt, was Kunden wirklich bewegt und wie wir das in der Kommunikation nutzen können. Im sechsten Kapitel erläutern wir die neuronalen Netzwerke im Kopf. Wir zeigen, wie das Gehirn Werbung und Marken organisiert und vor allem, wie wir das für die Praxis nutzen können. Das siebte Kapitel macht deutlich, dass Werbung in Zeiten der Reizüberflutung wirkt, wenn sie bestimmten Kriterien genügt, die wir in Kapitel 8 nochmals systematisch aufarbeiten. In diesem letzten Kapitel fassen wir die Erkenntnisse des Neuromarketings in Form eines konkreten und praxistauglichen Managementprozesses zusammen. Mit diesem Instrument bleibt die Umsetzung der Strategie nicht mehr dem Zufall überlassen, sondern kann systematisch und nachhaltig gesteuert werden.

Kommunikation ist mehr als Werbung

Der Schwerpunkt dieses Buches liegt auf der Frage, wie Werbung im Gehirn wirkt. Eines zeigt das Neuromarketing sehr deutlich: Jeder Kontakt mit einer Marke – sei dies eine Anzeige, ein Fernsehspot, eine Website, eine Verpackung, ein Bestellformular, eine Filiale oder ein Call-Center – landet in ein und demselben Markennetzwerk. Deshalb sprechen wir im Verlaufe des Buches auch von „Markenkommunikation" und meinen damit alle Kontaktpunkte mit einer Marke, auch über die Werbung hinaus. Die hier beschriebenen Erkenntnisse gelten nicht nur für die Werbung, sondern auch für die weiteren Kontaktpunkte mit Marken.

I. Neuromarketing – Millionen mit Neuronen?

Der Hype um das Gehirn

Nach Jahrzehnten im akademischen Dornröschenschlaf ist die Hirnforschung in aller Munde. Das Gehirn ist in Mode gekommen. Der Dalai Lama schickt acht seiner Mönche in die USA, um sie im Hirnlabor meditieren zu lassen. Man will herausfinden, was der Denkapparat im Moment der spirituellen Einkehr so treibt. Konsumenten werden in den Hirnscanner gelegt, um die Hirnströme bei einem virtuellen Einkaufsbummel durch den Supermarkt zu untersuchen. Schöne Bilder von Gehirnen mit Farbflecken, die Aktivität darstellen, schmücken Fach- wie Publikumspresse. Eine Google-Suche zum Schlagwort „Neuromarketing" ergibt inzwischen weit mehr als 300.000 Treffer, Tendenz steigend. Sogar die BILD-Zeitung berichtet über die neuesten Ergebnisse der Neuromarketing-Forscher: „Starke Marken schalten den Verstand ab!" Was ist plötzlich los?

Die Antwort scheint auf der Hand zu liegen: Die neuen Verfahren der Neurowissenschaften bieten bislang nicht vorhandene Möglichkeiten, den Menschen und seine Funktionsweise zu untersuchen. Und sie eröffnen damit auch völlig neue Chancen, den Konsumenten und die Wirkung von Marken, Kommunikation und Produkten auf ihn zu verstehen.

Durch die leistungsstarken und ausgeklügelten Verfahren ist es heute möglich, Vorgänge im Gehirn bis auf den Millimeter genau abzubilden. Hinzu kommt, dass die bildliche Darstellung der Ergebnisse scheinbar ganz eindeutige und intuitiv verstehbare Ergebnisse liefert.

Warum Neuromarketing in Mode gekommen ist

Die Macht der schönen Bilder trägt einen nicht unwesentlichen Teil zum aktuellen Interesse am Neuromarketing bei, dennoch ist das Ausmaß verwunderlich. Tausende Marketingbücher sind geschrieben, dutzende Marketing- und Managementinstrumente sind im Einsatz, es werden Millionen Euro in Marktforschung gesteckt. Was können da noch ein paar Bilder vom Gehirn beim Betrachten der Marke an Verständnis dazu addieren? Der aktuelle „Neuro-Hype" im Marketing ist ein Indiz für Unzufriedenheit mit genau diesen Verfahren, Theorien und Instrumenten, denn sie haben sich in der Praxis nur unzureichend bewährt. Es sind noch viele grundlegende Fragen offen und unbeantwortet geblieben. So sagt etwa Alan G. Lafley, der Vorstandsvorsitzende von **Procter & Gamble**, einem Unternehmen, das weltweit mit am meisten Geld für Werbung investiert: „Wir müssen unsere Methode, wie wir den Kunden ansprechen, überdenken und ein neues Modell entwerfen." (Harvard Business Manager, Nr. 3, 2006, S. 56) Wer, wenn nicht er, wäre berechtigt, diese Aussage zu treffen?

Und die Unzufriedenheit ist berechtigt. Noch immer scheitern 80 Prozent der neu eingeführten Produkte, obwohl vor der Einführung intensiv Marktforschung betrieben wurde. Jedes Jahr müssen deshalb etwa 20.000 Artikel nach kurzer Zeit wieder vom Markt genommen werden. Eine Summe von zehn Milliarden Euro wird dadurch laut der **Gesellschaft für Konsumforschung (Gfk)** jedes Jahr verschwendet. Es wird geforscht, getestet – und am Ende sind die Prognosen schlichtweg falsch. Neben dem wirtschaftlichen Schaden quälen vor allem die offenen Fragen: Was haben wir übersehen, was falsch gemacht? Und was lernen wir daraus? Was können wir besser machen? Die Verunsicherung und Resignation schwebt wie ein Damoklesschwert über den Verantwortlichen und Mitarbeitern und ist für die nächste Innovation nicht gerade förderlich.

Auch der umgekehrte Fall kommt vor: Eine Neuentwicklung, die eigentlich erfolgreich gewesen wäre, fällt bei der Marktforschung durch und wird erst gar nicht eingeführt. Beim Produkttest von **Red Bull** vor seiner Einführung würden Kundenäußerungen wie „pfui", „eklig", „schmeckt wie Medizin" und „das würde ich nie trinken" nicht überrascht haben. Heute ist **Red Bull** in fast allen Ländern der Welt vertreten und sehr erfolgreich. Der Grund für den Erfolg liegt nicht im Geschmack begründet, sondern in der sozialen Bedeutung von **Red Bull**. Und die wurde durch die Partyszene erst nach der Produkteinführung aufgebaut. Diese soziale Dynamik wird bei herkömmlichen Produkttests meist nicht berücksichtigt.

> *Die bisherigen Steuerungs- und Planungsinstrumente sind unzureichend, zu viele Kampagnen und Produkte erreichen ihre Ziele nicht.*

Die klassische Marktforschung stößt an ihre Grenzen

Der Trend des Neuromarketings zeigt nicht nur die Macht der Bilder, sondern auch das Bedürfnis nach objektiven Daten. Schon zu oft haben die Verantwortlichen Konsumenten gehört und wurden das Gefühl nicht los, dass deren Äußerungen nicht die ganze Wahrheit widerspiegeln. Ein für diesen Aspekt typisches Zitat aus der Fachpresse:

> *„Neuromarketing greift zunehmend Raum bei Managern. Es ist attraktiv, denn die klassische Marktforschung stößt an Grenzen. Weil Konsumenten gelernt haben, was die Forscher hören wollen, und in Fokusgruppen Meinungsführer das Gruppenbild verzerren, möchten die Unternehmen ihre Studienergebnisse besser absichern."* (Werben & Verkaufen, Nr. 18, 2005).

Oft können Kunden keine Auskunft über die wahren Gründe für ihre Urteile und Präferenzen angeben. Um diesen Aspekt zu verdeutlichen hier ein kleines Experiment. In unseren Seminaren geben wir den (männlichen) Teilnehmern häufig folgende Aufgabe: *„Schauen Sie sich die drei Frauen in der folgenden Abbildung an – welche finden Sie spontan am attraktivsten: A, B oder C? Für welche Variante haben Sie sich entschieden?"*

A B C

Abbildung 1.1: Welche der drei Frauen finden Sie spontan am attraktivsten?

Das Ergebnis: 70 Prozent der Befragten wählen Variante „B". Woher kommt diese klare Präferenz? Weil der Unterschied für die meisten Betrachter nicht erkennbar ist, hören wir häufig Antworten wie „weil B in der Mitte steht" oder „weil der Kontrast anders ist". Diese Aussagen haben aber nichts mit der Realität zu tun. Denn die wahre Ursache für die Präferenz ist dem bewussten Erleben nicht zugänglich. Deshalb können Menschen erst einmal nur spekulieren, warum sie ausgerechnet B gewählt haben. Die Auflösung: Die Präferenz liegt am subtilen Verhältnis zwischen dem Taillen- und Hüftumfang: Bei B beträgt das Verhältnis 1 (Hüfte) zu 0.7 (Taille). Die heutzutage als ideal geltenden Maße 90 – 60 – 90 ergeben einen Wert von 0.67. Je höher dieser Wert steigt, also auf 0.8 (Variante A) oder gar 0.9 (Variante C), umso unattraktiver wirkt die Frau.

Das bedeutet: Das (männliche) Gehirn registriert das Signal und reagiert darauf, ohne dass die Gründe dem Bewusstsein zugänglich sind. Deshalb können die Befragten nur spekulieren. Das Beispiel zeigt, dass wir spontan entscheiden können, ohne wirklich zu wissen, warum. Es zeigt die Macht der kleinen, nicht bewussten Signale und Unterschiede.

Das Experiment mit den drei Frauen ist mit einer typischen Konsumsituation vergleichbar. Der Konsument ist in Zeiten gesättigter Märkte mit einer Vielzahl meist gleichwertiger Produkte konfrontiert. Nach welchen Kriterien entscheidet er sich für das eine oder andere Produkt? Warum wählt er Produkt oder Marke B und nicht A oder C? Auf welche Signale reagiert er, wenn er sich entscheidet, was macht den Unterschied? Und wie können wir mehr über seine wirklichen Beweggründe erfahren? Fragen wir Konsumenten nach ihren Kaufgründen, bekommen wir häufig nur wenig aussagekräftige Antworten.

> *Kunden können häufig keine Auskunft über die wahren Gründe ihres Kaufverhaltens geben, weil viele Signale unbewusst wirken.*

Viele Studien belegen unser Beispiel. So kauften amerikanische Konsumenten dreimal häufiger französische Weine, wenn in der Weinhandlung französische Hintergrundmusik lief. Der gleiche Effekt trat bei deutscher Hintergrundmusik auf: Hier kauften die Amerikaner dreimal so viele deutsche Weine. Keiner der Teilnehmer registrierte jedoch bewusst die Hintergrundmusik! Auch beim besten Willen hätten sie den wahren Grund für ihre Kaufentscheidung deshalb nicht angeben können.

Das Beispiel einer Konsumentenbefragung im Supermarkt zeigt das Dilemma. Die Kunden geben ausschweifend darüber Auskunft, warum sie sich für das Shampoo oder den Jogurt entschieden haben. Man wird jedoch das Gefühl nicht los, dass solche Antworten eher konstruierte Rechtfertigungen sind als die wirklich relevanten Gründe für das Kaufverhalten. Denn hätten sich die Befragten all diese Gedanken tatsächlich gemacht, hätten sie Stunden für den Einkauf benötigt! Es geht also darum, mit Hilfe neuer Verfahren der Hirnforschung zu einer härteren, objektiveren „Währung" zu finden und die wahren Ursachen für Kaufentscheidungen zu erkennen, und zwar jenseits der herkömmlichen Kundenbefragung.

Reaktionszeitparadigma:

Die Psychologie ist sich der Grenzen der Befragung und der Tatsache, dass Menschen wenig Auskunft über die in ihnen ablaufenden Prozesse geben können, schon lange bewusst. Statt nun aber Probanden in den Hirnscanner zu legen, setzen die Forscher zum Beispiel auf so genannte Reaktionszeitverfahren. Dabei werden Probanden mit bestimmten Reizen (zum Beispiel Wörtern, Symbolen, Marken, Bildern) konfrontiert und es wird überprüft, wie schnell sie reagieren, etwa indem sie eine Taste drücken, sobald sie einen Reiz erkennen oder zuordnen können. Durch solche Verfahren kann man unter anderem versteckte Assoziationen oder Einstellungen zu einer Marke herausfinden, auf die die Probanden keinen bewussten Zugriff haben.

Das (vermeintliche) Problem mit der Austauschbarkeit und der Reizüberflutung

Auch die Produktdifferenzierung wird immer schwieriger, wenn 85 Prozent der von der Stiftung Warentest getesteten Produkte mit „gut" (also: gleichwertig) abschneiden. Wie soll der Konsument von einem bestimmten Produkt überzeugt werden? In einer Befragung von Marketingverantwortlichen sagen fast zwei Drittel, ihre Marken seien austauschbar. Wie wir im Experiment mit den drei Frauen gesehen haben, gibt es aber immer einen Unterschied – und sei er noch so klein. Wir werden im Verlauf dieses Buches zeigen: Marken und Produkte sind keineswegs austauschbar! Es gilt jedoch, auf die subtilen Unterschiede und ihre Bedeutung für die Kunden zu achten. Erst dann erkennen wir, wo und wie sich Marken und Produkte tatsächlich unterscheiden.

Es gibt neben der (vermeintlichen) Austauschbarkeit noch ein weiteres Problem: Selbst wenn ein Produkt einen einzigartigen Mehrwert bietet, wie bringe ich diese Botschaft in die Köpfe der Kunden? Keine leichte Aufgabe bei den über 3.000 Werbebotschaften, denen die Kunden täglich ausgesetzt sind. In unseren Seminaren wird der Tatsache der Reizüberflutung („Information Overload") immer einhellig zugestimmt. Zurück am Schreibtisch ist die eigene Kampagne und das eigene Produkt dann aber wieder das Wichtigste der Welt. Das ist nicht etwa Ignoranz, sondern es fehlen bisher Ansätze, wie kommuniziert werden soll, wenn die Kommunikation auf wenig involvierte Kunden trifft.

Dabei sind sich alle Werbeforscher einig: 95 Prozent der Werbekontakte finden in Momenten statt, in denen der Kunde gerade kein Interesse am Produkt oder keine Zeit für die intensive Betrachtung der Werbung hat. Wie wichtig ist das neue Shampoo-Plakat, wenn ich gerade versuche, ohne Unfall aus der Stadt zu kommen? Das Ergebnis ist eine (vermeintlich) sinkende Werbewirkung. Wurden 1985 noch 18 Prozent der Werbespots erinnert, waren es 2002 nur noch 8 Prozent. Obwohl die Werbebudgets von 1990 bis 2000 um 175 Prozent gestiegen sind, ist die Markenerinnerung um 80 Prozent gesunken. Werbung ist jedoch teuer. Jedes Jahr werden weltweit eine halbe Billion Euro in Werbung investiert, in Deutschland alleine 80 Milliarden, Tendenz (wieder) steigend. Wir werden in diesem Buch zeigen, dass Werbung auch und gerade heute wirkt – nur eben anders als lange gedacht!

Die Realität ist: Aufgrund der steigenden Austauschbarkeit der Produkte, der sinkenden Werte für die Werbewirkung, aber auch wegen vieler Erlebnissen im Tagesgeschäft spüren die Verantwortlichen, dass die derzeitigen Konzepte und Instrumente an ihre Grenzen stoßen und viele Fragen offen lassen. Was sagt es mir zum Beispiel, wenn in der Werbeerfolgskontrolle meine Firma plötzlich als weniger sympathisch oder meine Werbung als weniger glaubwürdig beschrieben wird? Ist die Werbung schlecht? Hat sich gesellschaftlich etwas verändert? Haben die Aktionen des Wettbewerbs dazu geführt? Das sind die realen Probleme im Alltag des Marketers, trotz hunderter Management- und Beratungsbücher und -konzepte. Kann hier das Neuromarketing zu einem besseren Verständnis darüber beitragen, wie Werbung aufgebaut sein muss, um auch im 21. Jahrhundert überzeugend zu wirken?

Neuromarketing kann tatsächlich helfen, wie dieses Buch zeigen wird, aber um mit einer Hoffnung direkt zu Beginn aufzuräumen: Es gibt keinen

„Kaufknopf" im Gehirn der Konsumenten! Der Grund liegt in der Komplexität des Gehirns. Das etwa 1.500 Gramm schwere Ding von der Größe eines Blumenkohls ist das komplexeste uns bekannte Objekt im Universum. Es besteht aus 100 Milliarden Einzelteilen (den Nervenzellen). Jede Nervenzelle ist mit bis zu 10.000 weiteren Nervenzellen verknüpft. Mit anderen Worten: 10^{15} Verbindungen bilden ein Netzwerk von einer unglaublichen Komplexität, das für unsere Wahrnehmungen, Gedanken, Emotionen, für unsere Intelligenz, unser Verhalten und vieles mehr verantwortlich ist. Wie soll es da den einen einzelnen Knopf geben, der eine Kaufentscheidung steuert?

> Es gibt keinen Kaufknopf im Gehirn, weil das Gehirn zu komplex und zu dynamisch ist.

Hirnscanner helfen in der Praxis nicht weiter

Die Hoffnung auf den Kaufknopf im Kopf und den gläsernen Kunden wurde vor allem durch die so genannten bildgebenden Verfahren wie „funktionale Magnet-Resonanz-Tomographie" (fMRT) oder die „Positronen-Emissions-Tomographie" (PET) geschürt. Dabei werden Probanden in einen Scanner gelegt und mit Aufgaben konfrontiert. Gleichzeitig wird ihre Hirnaktivität aufgezeichnet. Man kann so erstmals mitverfolgen, welche Hirnareale bei der Bewältigung einer Aufgabe beteiligt sind und welche Bereiche aufleuchten, wenn die Lieblingsmarke oder etwa ein Sportwagen gezeigt wird. Abbildung 1.2 zeigt ein typisches Ergebnis einer solchen Studie.

Wir sehen das Gehirn „in Aktion". Offensichtlich sind beim Nachdenken über ein Wort deutlich mehr Hirnregionen aktiviert (es wird mehr Sauerstoff verbraucht), als wenn wir dasselbe Wort nur hören, sehen oder aussprechen. Es wird auch deutlich, dass das Gehirn je nach Aufgabe unterschiedliche Regionen aktiviert. Der Anblick eines Wortes aktiviert Hirnareale ganz hinten im Kopf, während beim Hören Nervenzellen an der Seite des Gehirns, direkt hinter den Ohren, aufleuchten. Solche Bilder legen nahe, dass jede Funktion im Gehirn lokalisierbar ist: „Aha: Da sitzt das Denkareal, dort das Sehmodul und hier das Sprachareal."

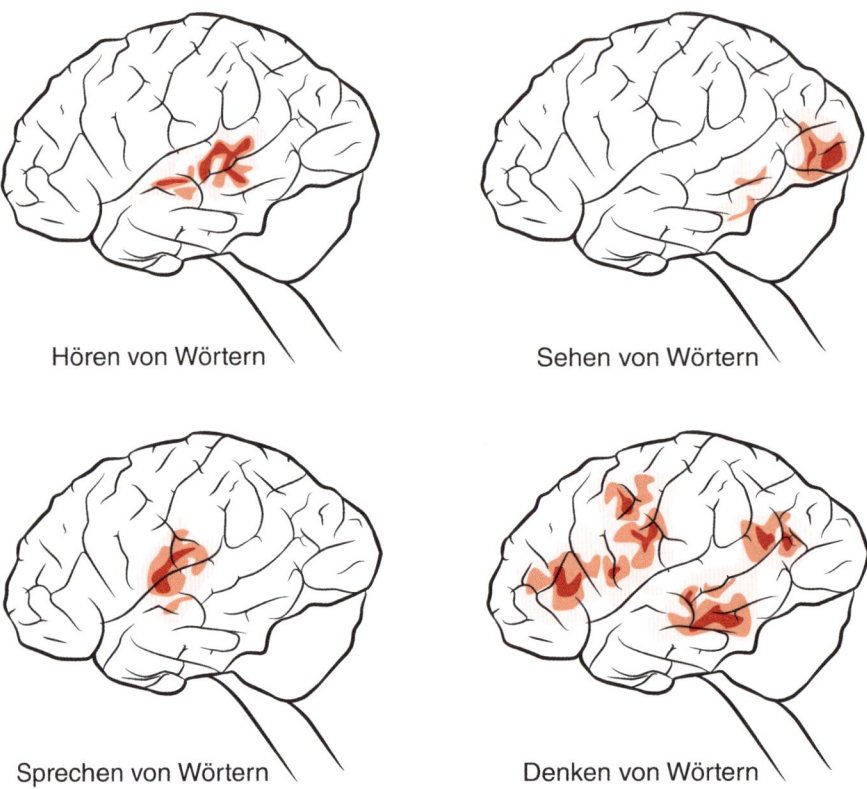

Hören von Wörtern

Sehen von Wörtern

Sprechen von Wörtern

Denken von Wörtern

Abbildung 1.2: Aktivität von Hirnarealen bei unterschiedlichen Aufgaben. Die Verarbeitung von Wörtern ist über das ganze Gehirn verteilt.

Die bildhafte Ergebnisdarstellung suggeriert Einfachheit und Eindeutigkeit und trägt sicherlich zum aktuellen Interesse an dieser Art der Forschung bei. In der Tat haben die bildgebenden Verfahren in der Grundlagenforschung zu einem Durchbruch geführt: Die Hirnforschung hat in den letzten zehn bis fünfzehn Jahren so viele Erkenntnisse über das Gehirn gewonnen wie in den letzten 100 Jahren zusammen.

Welchen Beitrag liefern diese Verfahren für die Marketingpraxis? Auch wenn solche Techniken für die Wissenschaft von großem Wert sind und helfen, die grundlegenden Arbeitsweisen unseres Gehirns zu entschlüsseln, so sind ihre Grenzen in der praktischen Anwendung doch schnell erreicht. Der finanzielle und zeitliche Aufwand ist beträchtlich, eine wissenschaftlich sauber durchgeführte Studie dauert bis zu vier Monaten und kann schon einmal 250.000 Euro kosten. Die Interpretation der bildgebenden Verfahren ist sehr schwierig und weniger intuitiv, als die schönen Bilder vermuten lassen. Was genau die hübschen Bildern zeigen, erschließt sich nur den Experten. Seriöse Neurowissenschaftler, wie die Forscher der Universität Münster, weisen auf diese Problematik hin:

> *„Es ist aber nicht nur aus ethischen Gründen dringend geboten, die oftmals medizinisch geprägten Methoden mit der nötigen Sorgfalt und Professionalität einzusetzen und dramatische Fehlinterpretationen zu vermeiden."* (Focus Jahrbuch 2005, S. 140)

In der Praxis wollen wir erfahren, wie eine Werbekampagne oder eine Marke wirkt. Bislang ist eine so detaillierte Analyse im Hirnscanner jedoch nicht durchführbar. Wir wissen, dass beispielsweise Sportwagen andere Areale im Männerhirn aktivieren als Kleinwagen. Aber den Unterschied zwischen einem Porsche und einem Ferrari kann uns der Scanner nicht aufzeigen, schon gar nicht, wenn es um konkrete Werbekampagnen geht. Aufgrund des hohen technischen und finanziellen Aufwands können zudem kaum mehr als eine Handvoll Probanden pro Studie untersucht werden. Eine zielgruppenspezifische Studie ist zu diesem Zeitpunkt deshalb nur schwer durchführbar.

> Die bildgebenden Verfahren eignen sich hervorragend für die Grundlagenforschung, aber nicht für die Marketingpraxis.

Was Neuromarketing wirklich ist

Die geringe Praxisrelevanz der bildgebenden Verfahren heißt nun aber nicht, dass wir das Thema Hirnforschung oder Neuromarketing beiseite legen müssten. Ganz im Gegenteil. Denn erstens liefern uns die Grundlagenstudien eine Fülle von Erkenntnissen, die wir schon heute – ohne einen Euro für eine teure Hirnscanner-Studie investieren zu müssen – umsetzen können. Zudem, und dieser Punkt ist besonders wichtig, ist Neuromarketing in unserem Verständnis mehr als die Anwendung der bildgebenden Verfahren auf Marketingthemen! Viel mehr sogar.

Neuromarketing nutzt Erkenntnisse und Verfahren verschiedener Disziplinen und macht sie für die Marketingpraxis nutzbar. Zu den Disziplinen, aus denen wir im Neuromarketing zum besseren Verständnis von Werbung und Markenkommunikation schöpfen, gehören neben der Hirnforschung und dem Marketing selbst:

- Psychophysik: die Erforschung der Sensorik – wie wir wahrnehmen, hören, tasten und vieles mehr.

- Entwicklungspsychologie: wie das Gehirn sich entwickelt.

- Künstliche Intelligenz: wie die neuronalen Netzwerke funktionieren.

- Kulturwissenschaften: wie wir die Bedeutung von Dingen lernen, zum Beispiel, dass ein Dreimaster für Abenteuer steht.

- Marktforschung: die Erforschung des Konsumenten.

Abbildung 1.3: In das Neuromarketing fließen die Erkenntnisse einer Vielzahl von wissenschaftlichen Disziplinen ein. Neuromarketing ist mehr als nur ein neues Messverfahren.

Das unterscheidet das Neuromarketing auch von anderen Marketing-trends: Es basiert auf wissenschaftlichen Erkenntnissen, die teilweise schon sehr lange zur Verfügung stehen. Es fehlte aber bislang das Vehikel, mit dem dieses faszinierende und praxisrelevante Wissen endlich Eingang in den Marketingalltag findet. Dabei ist die Idee, Erkenntnisse und Methoden der Hirnforschung für das Marketing und die Werbung zu nutzen, schon etwa vierzig Jahre alt. **Herbert E. Krugman**, ehemaliger Marktforschungsleiter des US-Konzerns **General Electric**, startete damals Studien zur Frage, wie Werbung wirkt. Seine Forschungen führten zum so genannten Hemis-phären-Modell im Marketing, nach dem es eine linke, rationale, und eine rechte, emotionale Hirnhälfte („Hemisphäre") gibt. Als wahrscheinlich ers-ter Marktforscher überhaupt wandte Krugman Messverfahren der Hirnfor-schung an. Er setzte Probanden vor den Fernseher, zeigte ihnen Werbung und zeichnete ihre Hirnaktivität mit dem EEG auf. Diese Tradition greift das Neuromarketing auf. Wie wir sehen werden, ermöglichen die verschie-denen Disziplinen und ihre Forschungen eine ganz neue Sicht auf die Fra-ge, wie Markenkommunikation wirkt, warum sie wirkt und wie man wirk-same Markenkommunikation gestalten muss.

> *Neuromarketing ist mehr als ein Verfahren – es integriert Erkenntnisse und Verfahren vieler Disziplinen, von der Hirnforschung bis zur Kultur-wissenschaft.*

Neuromarketing hilft weiter

Wir alle haben schon oft gesagt bekommen, dass wir umdenken müssen und mit der neuen Errungenschaft alles besser wird. Ein paar neue Begrif-fe, nette Bilder und Diagramme – und fertig ist die Zauberformel für den Erfolg. Der blieb aber oft aus. Warum soll also gerade das Neuromarketing eine nachhaltige Verbesserung mit sich bringen? Der Grund ist ganz ein-fach. Viele der Erkenntnisse sind nicht neu. Die Neuropsychologie etwa er-gründet seit über 100 Jahren Wahrnehmung, Gedächtnis, Entscheidungen, Motivation und Emotionen und die Wechselwirkung mit der sozialen Um-welt. Zudem werden grundlegende Mechanismen des Menschen unter-sucht, die sich so schnell nicht ändern werden, denn noch immer teilen wir mit den Menschenaffen 98 Prozent der Gene. Unser Gehirn hat sich seit 50.000 Jahren in seiner Funktionsweise nicht verändert und auch die Grundbedürfnisse des Menschen sind dieselben geblieben: Nahrung, Fortpflanzung, das Überleben in der Sippe – also die sozialen Motive – bestimmen im Kern noch immer unser Verhalten. Mit anderen Worten: Der neue Kunde ist der alte Kunde. Verändert hat sich die Umwelt, nicht das Gehirn. Im Gegenteil: Das Gehirn ist die einzige Konstante in einer immer hektischeren Welt. Anstatt den neuesten Trends und Typologien nachzugehen, lohnt sich deshalb der Blick in die häufig schon lange vorhandenen Erkenntnisse über die Funktionsweise des Gehirns.

Neuromarketing bestätigt Annahmen

Kann Neuromarketing helfen, Kunden besser und effizienter anzusprechen? Die Antwort lautet: ja. Müssen wir nun völlig umdenken und alles über Bord werfen, was wir bislang gemacht haben? Natürlich nicht. Das Neuromarketing krempelt nicht alles um, aber vieles, was wir instinktiv richtig gemacht haben, wird nun auf eine solide Basis gestellt. So war zum Beispiel schon lange klar, dass der psychologische Nutzen einer Marke in ihrer Orientierungsfunktion liegt: Bei der Fülle der Angebote ist die Marke das Entscheidungskriterium und hilft Konsumenten – weit über den funktionalen Produktnutzen hinaus – eine Kaufentscheidung zu treffen.

Diese Orientierungsfunktion ist jetzt aber auch physiologisch im Gehirn nachgewiesen. Die Hirnscannerbilder in Abbildung 1.4 zeigen, wie unser Gehirn arbeitet, je nachdem, ob unsere Lieblingsmarke im Regal vorhanden ist oder nicht. Wie die Bilder zeigen, führt der Anblick der Lieblingsmarke zu einer so genannten kortikalen Entlastung: Das Gehirn muss weniger Aufwand für die Entscheidung betreiben. Das ist eine schöne Bestätigung für den Wert von Marken und den Wettbewerbsvorteil einer systematischen Markenführung. Ebenfalls wenig überraschend ist die Erkenntnis, dass Marken auf einer emotionalen, nichtrationalen Ebene wirken. Die kortikale Entlastung äußert sich nämlich in einer Reduktion von Hirnrealen, die für das Denken zuständig sind, zu Gunsten einer Aktivierung von emotionalen Hirnregionen. Marken wirken im Gehirn also emotional. Auch das wussten wir schon lange, aber jetzt ist die emotionale Wirkung von Marken auch physiologisch nachgewiesen.

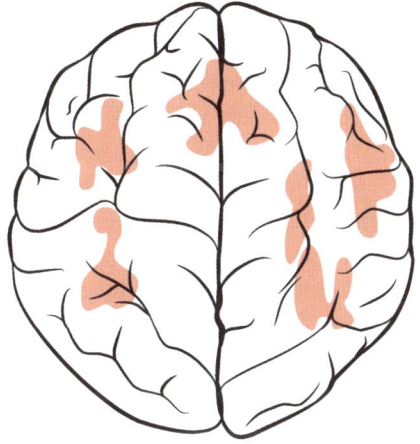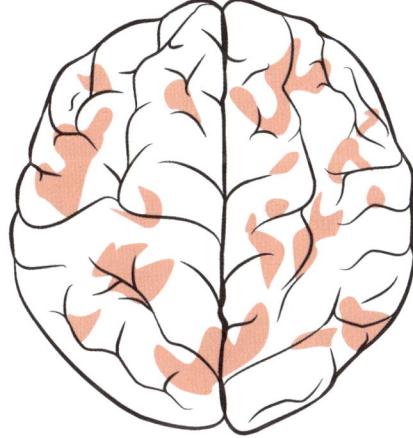

Person mit hoher Markenaffinität   Person mit geringer Markenaffinität

Abbildung 1.4: Wie Marken im Gehirn wirken: das Phänomen der kortikalen Entlastung. Die Wahl der Lieblingsmarke (links) benötigt im Vergleich zur Wahl einer anderen Marke (rechts) weniger Gehirnaktivität. Die Lieblingsmarke wirkt somit entlastend.

Neuromarketing widerlegt Annahmen

Allerdings: Wir müssen uns auch von lieb gewonnenen Vorstellungen verabschieden. Nehmen wir zum Beispiel das „Relevant Set", ein fester Bestandteil der Marketingsprache. Die zugrunde liegende Annahme lautet etwa so: „Kommunikation hat das Ziel, unser Produkt oder unsere Marke in der Einkaufsliste stetig nach oben zu bringen." Werbung soll den Rangplatz im Kopf des Konsumenten verbessern. Eine Verbesserung im Rangplatz gilt deshalb als wichtiges Erfolgskriterium für Marketing und Werbung. Auf der Idee des „Relevant Sets" basieren viele Messinstrumente zur Erfolgsmessung von Werbekampagnen (zum Beispiel das so genannte Werbe-Tracking). Solche Verfahren messen letztlich nichts anderes als den Rangplatz einer Marke oder eines Produkts auf der Einkaufsliste im Kopf der Kunden. Die Annahme einer Rangordnung im Gehirn ist aber falsch! Es gibt nur zwei Plätze im Kopf der Konsumenten: erster Platz oder dahinter. Das ist so, weil in den neurowissenschaftlichen Studien deutlich wird, dass die kortikale Entlastung im Kopf ausschließlich bei der Lieblingsmarke auftritt, der Nummer 1. Es spielt also keine Rolle, ob eine Marke an zweiter oder dritter Position liegt – „the winner takes it all"! Anstatt also zu versuchen mit vielen Werbekontakten den Rangplatz in den Köpfen vieler Konsumenten um einen Platz zu verbessern, scheint es effizienter, mit wenigen gezielten Kontakten diejenigen zu überzeugen, bei denen die Chance auf den ersten Platz besteht.

Abschied vom Hemisphären-Modell

Eine weitere, sehr verbreitete Vorstellung, von der wir uns verabschieden müssen, ist die Idee von der linken, rationalen und rechten, emotionalen Hirnhälfte. Das „Zwei-Hemisphären-Modell" ist so beliebt wie falsch. Es wird gerne vergessen, dass die beiden Gehirnhälften mit über 200 Millionen Nervenfasern (dem Corpus Callosum) sehr eng miteinander verzahnt sind. Beide Hirnhälften sind emotional und beide Hirnhälften enthalten auch nichtemotionale, kognitive Hirnstrukturen. Dazu ein einfaches Beispiel: Die so genannte Amygdala, ein kleiner Kern im limbischen System ist eines der wichtigsten emotionalen Zentren im Gehirn. Die Amygdala sitzt jedoch in beiden Hirnhälften. Anatomisch liegt sie zudem direkt neben einer kognitiven Zentrale im Gehirn, dem Hippocampus. Über ihn landen Informationen im Langzeitgedächtnis. Emotionen und etwas Kognitives wie das Gedächtnis sind schon anatomisch komplett verzahnt und deshalb nicht voneinander zu trennen. Die Forscher **Steklis** und **Harnad** sagten schon 1976 dazu:

> *„Die Idee einer Zweiteilung im Gehirn hat so viel mit den bekannten Fakten über die Hirnfunktionen zu tun wie die Astrologie mit der Astronomie."*
> (Steklis/Harnad, 1976, S. 450)

Schlimmer noch als die falsche anatomische Zuordnung ist jedoch die Annahme, dass wir nur zwei Zugänge zum Gehirn der Kunden haben: den sprachlich-rationalen und den bildlich-emotionalen. Wie wir noch sehen werden, gibt es aber nicht zwei, sondern vier Zugänge, die wir nutzen können und müssen. Schlussendlich zeigt die Hirnforschung, dass alle – wirklich alle – Informationen im Gehirn emotional bewertet werden und es keine rein rationalen Vorgänge im „Denkapparat" geben kann!

> *Die Trennung in Emotion und Ratio ist aus Sicht der Anatomie und Funktionsweise des Gehirns wenig sinnvoll. Es gibt keine rein rationalen Vorgänge im Gehirn.*

Diese Beispiele sollen erst einmal ausreichen, um zu verdeutlichen: Viele Erkenntnisse des Neuromarketings zwingen uns zu einem Umdenken, sie eröffnen aber auch neue Chancen. Einfach so weiter zu machen wie bislang wäre aus unserer Sicht nicht nur die falsche, sondern auch eine potenziell sehr teure Reaktion. Dieses Buch hat zum Ziel, das Richtige zu untermauern, aber die offensichtlich unzureichenden Sichtweisen zu korrigieren oder abzulösen. Es werden also noch viele Beispiele folgen, die zeigen, wie sehr wir unser Bild über den Konsumenten und unsere Annahmen revidieren müssen. Das gilt für alle am Marketing Beteiligten: vom Marketer im Unternehmen über die Werbeagenturen bis hin zu den Marktforschern.

FAZIT:

1. Die Hirnscanner helfen im Marketingalltag nicht weiter.

2. Neuromarketing ist mehr als ein Verfahren. Es umfasst Erkenntnisse und Verfahren mehrerer Disziplinen, von der Hirnforschung über die Psychologie bis hin zu den Kulturwissenschaften.

II. Kommunikation – Austausch von Bedeutung

Das Gehirn ist auf Kommunikation angelegt

Warum haben wir überhaupt ein Gehirn? Das Gehirn hat nur den Zweck, unsere grundlegenden Bedürfnisse zu sichern. An erster Stelle steht zweifelsohne das Bedürfnis nach Nahrung, an zweiter Stelle die Fortpflanzung. Und der dritte Aspekt ist die Kommunikation mit anderen.

Der Mensch ist ein „Herdentier", auch wenn wir heutzutage die Individualität gerne betonen. Er ist nicht nur auf sein eigenes Überleben aus, indem er schnell dem Säbelzahntiger entkommt, sondern vor allem auf das Überleben in und mit seiner „Herde". Der Grundsatz der Evolution „survival of the fittest" wird oft ausgelegt als „ich zuerst und nach mir die Sintflut". Diese individualistische Sichtweise ist aber unvollständig. Da meine Verwandten zum Teil dieselben Gene besitzen wie ich, fördere ich durch mein Helferverhalten die Weitergabe meines Erbguts. Der renommierte Evolutionsbiologe **John Maynard Smith** nennt dieses Phänomen „Verwandtschaftsselektion".

Unser Überleben hängt insgesamt davon ab, wie gut wir darin sind, uns in ein soziales Netz zu integrieren. Satt zu sein reicht für das Wohlbefinden des Menschen bei weitem nicht aus. Soziale Isolierung, wenn also der Austausch und die Kommunikation mit der Herde fehlen, führt zu weit reichenden, negativen Konsequenzen. Der Psychologe **René Spitz** fand schon vor Jahren heraus, dass Kinder in Kliniken, die keinen Kontakt zu einer Bezugsperson herstellten, apathisch und psychisch krank wurden. Wenn etwas in der Kommunikation mit den Kollegen nicht stimmt und Ausgrenzung erlebt wird („Mobbing"), entstehen Nervosität, Verunsicherungen, Depression und Angst. Soziale Ächtung führt sogar zu einer Aktivierung der Schmerzzentren im Gehirn.

Bei der Vermarktung von Produkten und Marken müssen wir deshalb das soziale Wesen des Menschen berücksichtigen. Das gilt vor allem bei der Markenkommunikation.

Warum das Gehirn auf Kommunikation angelegt ist

Kommunikation ist also nicht nur ein Bestandteil, sondern vielmehr eine Grundvoraussetzung unseres Lebens und Überlebens in der Herde. Unser Gehirn ist deshalb neurobiologisch auf gute soziale Beziehungen geeicht. Für keine andere Funktion gibt es so viele spezialisierte Hirnareale wie für die Interaktion mit anderen. Die Kommunikation mit unserer Herde hat dazu geführt, dass sich unser Gehirn so stark entwickelte. Anzahl und Differenziertheit der sozialen Kommunikation setzen ein besonders entwickeltes (und damit größeres) Gehirn voraus. *„Tatsache ist: Wir haben ein ziemlich soziales Gehirn“*, sagt auch **Christian Keysers**, Biopsychologe vom Neuroimaging Center im niederländischen Groningen. Inzwischen gibt es unter dem Label „Social Neuroscience“ eine eigene Forschungsrichtung, die diesen „sozialen“ Hirnstrukturen nachgeht.

Was das für die Markenkommunikation heißen kann, zeigt das Beispiel des Gesichtsareals. Diese Hirnregion (Fachbegriff: fusiform Gyrus) leuchtet immer dann auf, wenn wir Gesichter sehen, zum Beispiel in der Werbung. Das Gesichtsareal ist sehr spezialisiert. Es gibt allerdings auch bestimmte Bereiche der Wahrnehmung, für die es mit verwendet wird, weil diese Bereiche gesichtsartige Züge haben, zum Beispiel Tiere, Cartoons, der berühmte Smiley ☺ oder das TUI-Markenlogo. All diese Dinge bedeuten aus der Perspektive des Gehirns „Gesicht“, auch wenn sie einem menschlichen Gesicht nur entfernt ähnlich sehen. Das „Gesicht“ eines Autos mit den Scheinwerferaugen und dem lachenden Kühlergrill aktiviert deshalb das Gesichtsareal. Autos zeigt man in der Werbung also am besten so, dass die Frontseite – das Gesicht – klar erkennbar ist.

> *Das Gehirn ist fundamental sozial, für keine andere Funktion gibt es so viele Spezialisten im Gehirn wie für den sozialen Austausch.*

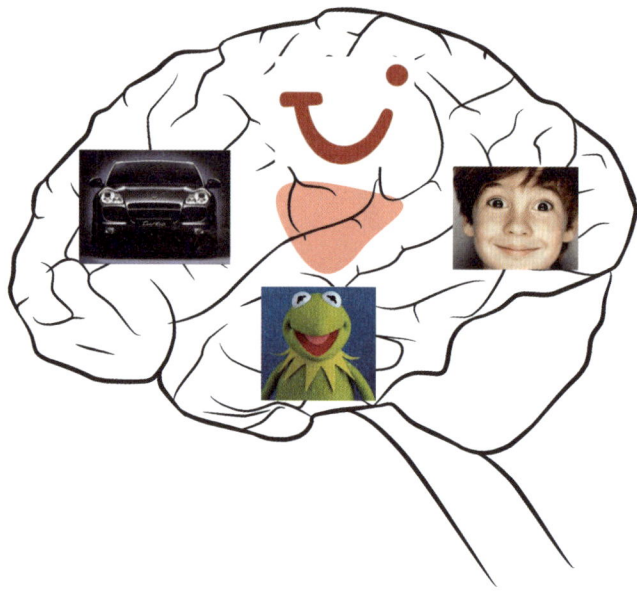

Abbildung 2.1: Das Gesichtsareal. Diese Hirnregion ist für das Erkennen von Gesichtern und gesichtsähnlichen Mustern zuständig.

Weil unser Gehirn so spezialisiert ist auf das Erkennen von Gesichtern, müssen wir bei Gesichtern in der Werbung und Kommunikation besonders auf die Details achten. Einfache Regeln nach dem Prinzip „Hauptsache ein fröhliches Gesicht" reichen nicht aus und werden den Kommunikationsspezialisten im Gehirn nicht gerecht. Umgekehrt zeigt das Gesichtsareal, warum Gesichter in der Werbung so stark wirken. Diese Hirnstruktur ist direkt mit den emotionalen Zentren verdrahtet und lässt uns damit nicht nur erkennen, um wen es sich handelt, sondern auch wie wir uns dabei fühlen.

EXPERIMENT

Dass Kleinigkeiten in der Darstellung eines Gesichts in der Werbung einen großen Unterschied in der Wirkung machen, zeigt das folgende kleine Experiment. Betrachten Sie erst das linke Bild – welchen Charakter würden Sie der Madonna zuschreiben – eher demütig oder eher selbstbewusst? Nun schauen Sie das Bild auf der rechten Seite an – ist sie eher demütig oder selbstbewusst?

Wahrscheinlich sind Sie zu demselben Schluss gekommen wie die meisten Menschen, die dieses Experiment machen: Die Madonna links im Bild erleben wir als eher bescheiden und demütig, während sie uns in der Abbildung rechts eher selbstbewusst oder hochnäsig vorkommt. Tatsächlich sind beide Bilder identisch! Allein dadurch, dass der zur Seite geneigte Kopf der Madonna gerade gerückt wird, wird sie von der demütigen, bescheidenen Frau (linkes Bild) zur selbstbewussten Herrin (rechtes Bild). Unser soziales Gehirn reagiert auf jedes Detail!

Abbildung 2.2: Dasselbe Bild generiert im Gehirn eine völlig andere Reaktion: Links wirkt die Madonna eher demütig, rechts eher selbstbewusst oder hochnäsig.

Marken und Produkte haben eine soziale Bedeutung

Das Gesichtsareal ist ein Beispiel für die Tatsache, dass die neuronalen Netzwerke in unserem „Oberstübchen" auf die Verarbeitung sozialer Informationen – auf Kommunikation – getrimmt sind. Zu diesen sozialen Netzwerken gehören neben dem Gesichtsareal auch die Amygdala (Teil des Emotionszentrums) oder der ventromediale, präfrontale Kortex (direkt hinter der Stirn, über den Augen). Das sind genau die Hirnregionen, die im Hirnscanner hell aufleuchten, wenn starke Marken gesehen werden. Marken haben also soziale Aspekte. Wie wir noch sehen werden, hat das auch damit zu tun, dass starke Marken die Zugehörigkeit zu oder die Abgrenzung von einer Herde signalisieren. Im Unterschied zu **Coca-Cola** etwa aktiviert **Pepsi** im Hirnscanner keine dieser sozialen Hirnregionen, sondern lediglich einen uralten Lustkern (Nucleus Accumbens). Marken signalisieren nicht nur Zugehörigkeit zur eigenen Herde und die Abgrenzung zu anderen, sie machen auch ein Statement über die Person selbst. Genau diese „höheren" Funktionen und die soziale Relevanz von Marken sind der Grund für die Aktivierung der sozialen Netzwerke beim Betrachten starker Marken. Bei der Vermarktung von Produkten und Marken müssen wir uns deshalb nicht nur darum kümmern, eine individuelle Präferenz zu erzielen, sondern unsere Produkte auch mit einer sozialen Bedeutung aufladen. So würden die wenigsten sagen, dass **Red Bull** besonders gut schmeckt. Was aber macht den Erfolg von **Red Bull** aus, wenn nicht der Geschmack?

> *Der Wert einer Marke besteht in ihrer sozialen Bedeutung.*

Wie Kommunikation funktioniert

Der Austausch mit anderen, mit der sozialen Umwelt, erfolgt in erster Linie über Kommunikation. Kommunikation ist auch das zentrale Thema dieses Buches und aus diesem Grund wollen wir uns an dieser Stelle den Kommunikationsprozess noch einmal vor Augen führen: Ein Sender – das können wir selbst oder ein werbetreibendes Unternehmen sein – möchte eine Botschaft an einen Empfänger senden. Der Sender verschlüsselt seine Botschaft (Enkodierung) und sendet sie über einen Kanal zum Empfänger. Dieser entschlüsselt die Botschaft (Dekodierung). So weit, so gut. Übersetzen wir das in die Markenkommunikation. Wenn wir also eine Idee, ein Produkt oder ein Konzept kommunizieren wollen, müssen wir unsere Botschaft irgendwie verschlüsseln. Das tun wir, indem wir – oder die Agentur – die Idee in konkrete, wahrnehmbare Codes umsetzen, genau wie der Sender bei der zwischenmenschlichen Kommunikation. Und genau hier liegt die in der Einleitung beschriebene Umsetzungslücke in der Kommunikation. Wir wissen nämlich häufig, was wir sagen wollen, sind uns aber genauso häufig unsicher, wie wir es sagen sollen, welche Codes – also welche Bilder, Texte, Geräusche oder Menschen – wir für die Übermittlung der Botschaften zu unseren Kunden wirklich einsetzen sollen. Um diese Umsetzungslücke zu schließen, müssen wir die Codes und ihre Entschlüsselung beim Kunden genau analysieren.

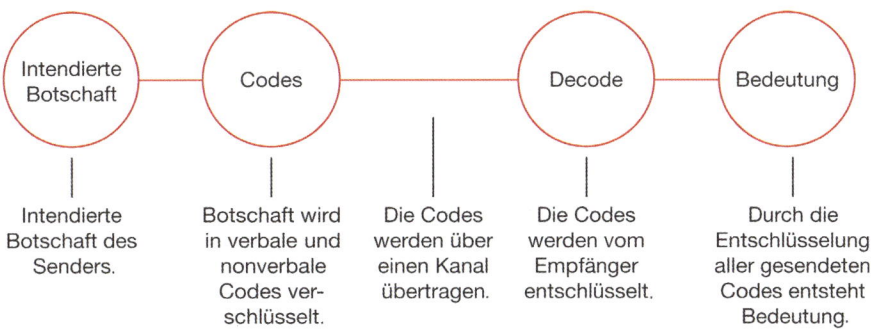

Abbildung 2.3: Das Grundmodell der Kommunikation. Eine Botschaft wird vom Sender über verbale und nonverbale Codes verschlüsselt und transportiert. Die Bedeutung der Botschaft entsteht erst im Empfänger – durch die Entschlüsselung der Codes.

Aber sind werbliche Kommunikation und zwischenmenschliche Kommunikation wirklich miteinander vergleichbar? „Im Kern funktioniert professionelle (Massen-)Kommunikation auch nicht anders als die ganz normale zwischenmenschliche Kommunikation", schreiben die bekannten Werber **Jung** und **von Matt** (Jung/von Matt, 2004, S. 153). Wir geben ihnen Recht. Für das Verständnis von Werbung und Kommunikation können wir sehr viel lernen, wenn wir genau hinschauen, wie Menschen miteinander kommunizieren. Denn der Mensch hat über die Millionen Jahre hoch effiziente und subtile Mechanismen entwickelt, um sich mit seiner Herde auszutauschen. Und genau diese Mechanismen gilt es auch in der werblichen Kommunikation zu nutzen. Denn wie bei der zwischenmenschlichen Kommunikation macht das Nichtsprachliche die eigentliche „Musik" aus. Was aber zeichnet Kommunikation im Kern eigentlich aus?

> *Botschaften können nur kodiert kommuniziert werden. Die Bedeutung der Botschaft entsteht erst beim Empfänger, nach der Dekodierung.*

Kommunikation ist Austausch von Bedeutung

Als Verkäufer will ich über Botschaften – sei dies ein Gespräch oder ein Fernsehspot – meine Kunden von meinem Produkt überzeugen. Einen häufigen Denkfehler müssen wir gleich zu Beginn ausräumen: Bei der Kommunikation – sowohl zwischen zwei Menschen als auch in der Massenkommunikation – geht es nicht nur um den Austausch von Informationen, etwa von Argumenten für ein Produkt oder eine Dienstleistung. Schauen wir uns das an einem Beispiel aus der zwischenmenschlichen Kommunikation an. Wenn der Partner sagt „Der Tank ist leer", ist das eine Information, die einen Zustand beschreibt. Die Bedeutung dieser Aussage ist aber vielfältiger, zum Beispiel:

- Ein Appell: „Füll den Tank auf."

- Ein Vorwurf: „Du hast vergessen, den Tank aufzufüllen."

- Eine Unzufriedenheit über den Verbrauch: „Der Tank ist schon wieder leer."

Die eigentliche Bedeutung einer Botschaft entsteht – das wird gerne vergessen – erst beim Empfänger, durch das Dekodieren der gesendeten, sprachlichen und nichtsprachlichen Codes. Ob wir als Empfänger die Aussage „Der Tank ist leer" als Appell oder Vorwurf interpretieren, hängt davon ab, welche der möglichen Bedeutungen dieser Aussage wir dekodieren. Dabei hilft uns das, was gesagt wird, wenig. Viel wichtiger zur Entschlüsselung der eigentlichen Botschaft, ihrer wahren Bedeutung, sind die nichtsprachlichen Codes, mit denen unser Partner die Aussage „Der Tank ist leer" übermittelt. Erst durch Tonalität, Stimmlage oder Mimik können wir die tatsächliche Bedeutung der Aussage richtig entschlüsseln (dekodieren). Nur durch diese nichtsprachlichen, unterschwelligen Signale gelingt die eindeutige Entschlüsselung der Bedeutung. Ohne diese subtilen Codes könnten wir überhaupt nicht kommunizieren! Es überrascht deshalb nicht, dass das Gehirn sich auf ihre effiziente Wahrnehmung und Verarbeitung spezialisiert hat.

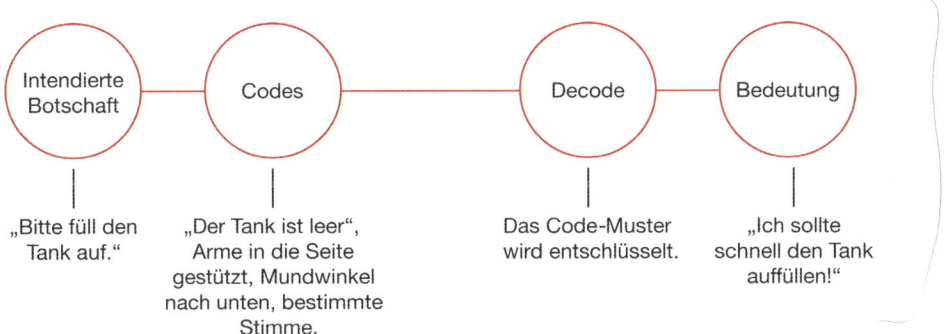

Abbildung 2.4: Die Bedeutung einer Botschaft entsteht durch die Entschlüsselung des Codemusters – des verbalen („Der Tank ist voll") und nonverbalen (Mimik, Stimmlage usw).

Was bedeutet das nun für die Praxis? Bei unseren Kunden kommt nicht automatisch das an, was wir als Botschaft aussenden wollen. Denn zwischen dem, was wir dem Kunden sagen wollen, und dem, was bei ihm ankommt, stehen die Verschlüsselungs- und Entschlüsselungsschritte. Schauen wir uns als Beispiel die folgende Beschreibung an, mit der ein Anbieter ein technisches Produkt bewirbt:

- PCMCIA-Karte für GPRS/UMTS/HSDPA/WLAN mit feststehender Antenne

- Übertragungsgeschwindigkeit: HSDPA bis zu 1.8 Mbit/S, UMTS bis zu 384 kb/s, GPRS bis zu 53,6 kb/s, WLAN bis zu 54 Mbit/S

- Bedienung über die Software TMCC, Version 2.5

Was will der Absender kommunizieren? Mit den technischen Daten will er die Leistungsfähigkeit seines Produktes bewerben. Die Gefahr ist jedoch groß, dass beim Kunden (dem Empfänger) die Botschaft „das ist ein kompliziertes Gerät" ankommt, speziell wenn er die Begriffe nicht entschlüsseln kann. Das Beispiel zeigt noch einen weiteren Aspekt: Wir kommunizieren immer mehr als wir wollen. Eine komplizierte Produktbeschreibung ist nicht nur schwer zu verstehen, sie transportiert auch implizit die Botschaft an den Kunden: „Dieses Produkt ist nur für Experten geeignet." Informationen in ein Werbemittel zu schreiben, heißt also noch nicht, dass diese beim Kunden auch wie gewollt ankommen. Wir müssen sicherstellen, dass Kunden genau die Botschaft entschlüsseln, die wir senden wollen. Dazu müssen wir jedoch wissen, wie der Kunde die Botschaft entschlüsselt! Die Frage, wie das Gehirn Werbebotschaften wirklich dekodiert, wird uns deshalb im weiteren Verlauf des Buches noch ausführlich beschäftigen.

> *Man kommuniziert immer mehr als das explizit Gesagte – durch die subtilen, nonverbalen Codes.*

Marken sind mehr als Markenlogos

Wenn es um die Umsetzung von Markenkommunikation geht, wird die Marke oft mit formalen Dingen wie dem Markenlogo und dem Corporate Design gleichgesetzt. Dass die Marke aber aus mehr als dem Logo besteht, zeigt eine Studie der **Brandmeyer Markenberatung**. Die mit der Durchführung der Erhebung beauftragte **Gesellschaft für Konsumforschung (GfK)** legte 1006 repräsentativ ausgewählten Personen ab 14 Jahren Werbeanzeigen bekannter Marken vor.

Es waren weder Markennamen noch Produktabbildungen zu sehen. Anstelle einer Schlagzeile standen die Worte „Welche Marke?". Die verwendeten Anzeigen wurden zudem in dieser Form zuvor nicht werblich von den Marken eingesetzt. Nun wurde überprüft, ob die Anzeigen dennoch erkannt und den richtigen Marken zugeordnet wurden, einzig aufgrund ihrer subtilen nichtsprachlichen Codes.

Das Ergebnis: 67 Prozent der Befragten erkannten die Marke **Beck's** aufgrund des Dreimaster-Symbols, der grünen Farbe und des offenen Meeres, 70 Prozent die Marke **Marlboro** anhand der Pferde und der markentypischen Farb- und Lichtcodes, 66 Prozent ordneten die Marke **Milka** allein aufgrund einer Alpenszene und der lila Farbe richtig zu und 58 Prozent erkannten den Mobilfunkanbieter O$_2$ anhand der charakteristischen blauen Farbe und der Luftblasen.

Abbildung 2.5: Marken sind mehr als Markenlogos.

Eine Farbe wie das Gelb der **Post** oder das Lila von **Milka** sind Codes für die jeweilige Marke, auch wenn wir das Markenlogo übersehen oder es entfernt wird. Aber nicht nur Farben können zu Symbolen für eine Marke werden. So kann beispielsweise die Art und Weise, wie eine Shampoomarke den Haarglanz über das Licht und andere Stilmittel inszeniert, typisch für diese Marke sein und damit für die Marke stehen. Obwohl in diesen Beispielen das Markenlogo also nicht vorhanden ist, erkennen wir die Marke anhand anderer formaler Gestaltungsmöglichkeiten.

> *Marken sind nicht nur über das Logo kodiert, sondern über weitere, nicht-sprachliche Codes (Farben, Formen, Symbole usw.).*

Marken sind vor allem Bedeutung

Neben den formalen Aspekten, die eine Marke kodieren, ist es aber im Gehirn vor allem die inhaltliche Bedeutung einer Marke, die zählt. Das zeigt ein Experiment um den Neurowissenschaftler **Christof Koch** vom California Institute of Technology in den USA.

Koch und sein Forscherteam nutzten Epilepsiepatienten zu einem ungewöhnlichen Experiment. Diesen Patienten wurden – zur Ortung des Epilepsiezentrums – Elektroden im Gehirn implantiert. Die Forscher zeigten ihnen nun Bilder von Prominenten – von **Bart Simpson** über **Bill Gates** bis zu **Halle Berry**. Das Ergebnis: Bei jedem Prominenten feuerte ein bestimmtes Neuron, eine bestimmte Zelle. Noch spannender aber war das folgende Ergebnis: Es war diesem so genannten **Halle-Berry-Neuron** vollkommen egal, wie genau **Halle Berry** (oder ein anderer Prominenter) zu sehen war: Das Neuron feuerte, egal ob sie von links oder von rechts, mit oder ohne Hut, lachend oder nicht, mit oder ohne das Catwoman-Kostüm oder gar nur als Schriftzug „Halle Berry" eingeblendet wurde. Wurde sie hingegen zusammen mit einem anderen Prominenten gezeigt, blieb das Neuron stumm – die Bedeutung des Bildes war nicht mehr dieselbe!

Das zeigt: Für das **Halle-Berry-Neuron** ist die *Form* der Verschlüsselung der Marke **Halle Berry** gleichgültig, solange die *Bedeutung* „Halle Berry" in Bild oder Text erkennbar ist, feuert das Neuron. Im Gehirn existieren demnach Neuronen, welche die Marke – in diesem Fall **Halle Berry** – aufgrund einer inhaltlichen Gemeinsamkeit entschlüsseln, egal wie dieser Inhalt verpackt (verschlüsselt) ist. Hauptsache ist, die Bedeutung ist die gleiche. Die wichtige Schlussfolgerung für das Marketing ist: Eine Marke ist nicht nur durch formale, sondern vor allem durch inhaltliche Gemeinsamkeiten bestimmt. Und eines zeigt dieses Experiment noch: Kleine Unstimmigkeiten – wenn etwa ein weiterer Prominenter dem Bild von **Halle Berry** beigefügt wird – führen zu einer anderen Bedeutung und werden im Gehirn deshalb nicht eindeutig der Marke zugeordnet (das Markenneuron bleibt stumm).

Genau wie bei der Sprache und der Gestik geht es in unserem Gehirn letztlich um die Bedeutung dessen, was wir sehen, lesen oder hören. Denken wir vor diesem Hintergrund noch einmal an das in Werbung und Marketing so verbreitete Hemisphären-Modell zurück, wonach die linke Hirnhälfte die Sprache verarbeitet und die rechte für Bilder zuständig ist. Wo aber ist in diesem Modell die Bedeutung der Werbebotschaft? Wir sehen, dass es sich hier um einen Denkfehler handelt. Das Gehirn nutzt Worte, Bilder oder Gesten um Inhalte und Botschaften zu verschlüsseln, zu kodieren, sie sind aber nicht die Bedeutung selbst. Und wie wir schon gesehen haben, interessiert unser Gehirn am Ende nur die Bedeutung einer Botschaft oder Marke und weniger, über welche Codes – zum Beispiel Sprache, Bild oder Gestik – sie übermittelt wird.

> *Eine Marke ist nicht nur über das Formale (Logo, Farbe usw.) charakterisiert, sondern vor allem über die inhaltliche Klammer – die Bedeutung.*

In der Markenkommunikation müssen wir deshalb weit über das Formale hinausgehen, um dem Kunden über alle Kontaktpunkte mit der Marke – der Werbung, der Website, der Filiale, der Verpackung – eine eindeutige und inhaltlich stimmige Botschaft zu übersenden.

Warum starke Marken Chamäleons sind

Der **Halle-Berry-Effekt** gilt also auch für Marken: Sie können in den unterschiedlichsten Facetten gezeigt – verschlüsselt – werden, im Gehirn der Kunden werden sie auf einer Bedeutungsebene entschlüsselt. Eine Marke kann sich deshalb mehrfach „häuten", ihr Aussehen wechseln, und trotzdem wiedererkannt werden, solange die Bedeutung der Marke beibehalten wird und erkennbar bleibt. Es ist wie beim Chamäleon: Egal welche Farbe, es bleibt immer ein Chamäleon.

Die EG-Gesundheitsminister: Rauchen kann tödlich sein. Der Rauch einer Zigarette dieser Marke enthält 10 mg Teer, 0,8 mg Nikotin und 10 mg Kohlenmonoxid. (Durchschnittswerte nach ISO)

Die Menge an Teer, Nikotin und Kohlenmonoxid, die Sie inhalieren, variiert, je nachdem, wie Sie Ihre Zigarette rauchen.

Die EG-Gesundheitsminister: Rauchen kann tödlich sein. Der Rauch einer Zigarette dieser Marke enthält 10 mg Teer, 0,8 mg Nikotin und 10 mg Kohlenmonoxid. (Durchschnittswerte nach ISO)

Abbildung 2.6: Die Gemeinsamkeit der drei Anzeigen geht über das Formale hinaus.

Die Erkenntnis, dass es im Gehirn letztlich um Bedeutung und weniger um das Aussehen geht, hat weit reichende Konsequenzen, zum Beispiel für die Messung der Werbewirkung. Häufig wird die Effizienz der Markenkommunikation daran gemessen, an welche Elemente – Worte und Bilder – sich die Kunden erinnern können. Dabei werden nur formale Dinge abgefragt, und nicht ihre inhaltliche Bedeutung für den Kunden. Was bedeutet es aber, wenn die Kunden ein bestimmtes Bild erinnern? Nehmen wir den „Löffel mit Knoten" von **Maggi** oder das Markenlogo von **Knorr**. Zu wissen, wie viele Kunden diese Bilder und Worte aus ihrem Gedächtnis abrufen können, sagt uns nichts über deren Bedeutung für die Kunden! Diese häufig praktizierte, rein formale und beschreibende Art der Marktforschung lässt die aus Sicht des Gehirns wirklich wichtigen Fragen oft unbeantwortet. Wie sehr gehören die Elemente inhaltlich zur Marke? Was bedeuten sie und wie wichtig sind sie für die Marke?

Spannend ist die Frage, was denn die Bedeutung einer Marke ausmacht, wenn es nicht das Markenlogo und das Corporate Design alleine sind. Wir werden auf diese fundamentale Frage in Kapitel 6 zurückkommen, wenn wir die neuronalen Netzwerke im Gehirn genauer unter die Lupe nehmen und uns anschauen, wie sie die Bedeutung von Botschaften organisieren und was eigentlich die Bedeutung einer Marke ausmacht und vor allem: wie wir diese Bedeutung in der Markenkommunikation managen können.

Übung: Legen Sie mehrere Ihrer Werbemittel nebeneinander, decken Sie das Markenlogo ab und überlegen Sie, was der inhaltliche rote Faden zwischen den Werbemitteln ist. Was könnte dieser rote Faden für Ihre Kunden bedeuten, wie könnten sie ihn entschlüsseln?

Kommunikation ist mehr als Sprache

Wir alle kennen diese Situation: Das Produkt ist fertig und jetzt wollen wir es auf den Markt bringen. In der Praxis mündet das häufig in Diskussionen um die Frage: „Was genau sagen wir dem Kunden über das Produkt – wie überzeugen wir ihn?" Das Ergebnis dieser Diskussionen ist oft, dass wir uns auf die sprachlichen Botschaften festlegen, zum Beispiel die Nennung der Produktvorteile in der Schlagzeile. Beim Stichwort „Kommunikation" denken wir insgesamt meistens an Sprache. Aber wie wir oben schon gesehen haben, ist unser Gehirn vor allem auf das Nichtsprachliche, das Implizite, geeicht. Warum betonen wir aber die Sprache so stark? Ein wichtiger Grund für das Primat der Sprache sind die Veränderungen, die mit der Schriftsprache in Verbindung stehen: Luthers Thesenanschlag führte zur Spaltung der Kirche, der Zugang des Bürgertums zu Bildung war Grundlage für die französische Revolution und so weiter. In der Schule lernen wir in erster Linie, mit Sprache umzugehen, Texte zu schreiben, auswendig zu lernen oder sie in Fremdsprachen zu übersetzen. Schon diese Beispiele machen die Betonung von Schrift und Sprache nachvollziehbar. Auch in der Werbung finden wir diese Betonung des Sprachlichen: Verbalkonzepte, Claims, Slogans, Headlines, Voice Over im Fernsehspot, Copytexte in Anzeigen, Produktbezeichnungen und vieles mehr sollen durch Worte die Botschaft vermitteln und Kunden überzeugen.

Abbildung 2.7: Andrex wirbt in der gesamten Markenkommunikation mit dem Hundewelpen und differenziert sich damit auf bedeutsame Art und Weise vom Wettbewerb. Der Hundewelpe ist ein nonverbaler Code, der eine für die Zielgruppe und das Produkt relevante Bedeutung transportiert.

Den Erfolg vieler Werbekampagnen können wir aber nur verstehen, wenn wir auf ihre nichtsprachlichen Codes schauen. In England hält etwa der Marktführer für Toilettenpapiere, **Andrex**, mehr als doppelt so viele Marktanteile wie der nächste Konkurrent **Kleenex**. Die beiden Marken unterscheiden sich jedoch nicht in Bezug auf Werbeausgaben, Preis, Qualität oder andere Leistungsaspekte. Die sprachlichen Botschaften, die beide in der Werbung senden, sind nahezu identisch:

Kleenex: extra sanft und stark
Andrex: sanft, stark und extra lang

Woher also kann der Unterschied in den Marktanteilen kommen? Der Markterfolg von **Andrex** liegt, so zeigen Studien des Unternehmens, in erster Linie in den impliziten, nichtsprachlichen Codes, genauer im so genannten **Andrex-Puppy**, einem Hundewelpen, den **Andrex** in der Werbung und auf der Verpackung einsetzt. Die Analyse der Bedeutung des Welpen für die englische Zielgruppe würde an dieser Stelle zu weit gehen, auf jeden Fall aber gilt: Die mit dem Welpen verbundenen Bedeutungen machen den Unterschied in den Marktanteilen, sie sind zentral für den Erfolg von **Andrex,** nicht das Gesagte.

Übung: *Überlegen Sie, welche Botschaften in Ihren Kontaktpunkten (Werbemittel, Verpackungen, Filialen usw.) erkennbar sind, wenn Sie auf Sprache völlig verzichten würden. Welche Bedeutung kann der Kunde dann noch entschlüsseln?*

Der Erfolg von Marken und Markenkommunikation liegt vor allem im Impliziten, zum Beispiel in den nichtsprachlichen Codes in der Werbung.

Spiegelneuronen: die neuronale Grundlage nichtsprachlicher Kommunikation

Romantik auf der Leinwand: Leonardo DiCaprio und Kate Winslet stehen mit ausgestreckten Armen am Bug der Titanic, der Fahrtwind bläst ihnen ins Gesicht. Der Zuschauer meint, die frische Meeresbrise zu spüren. Das Gefühl von Freiheit schwappt vom Atlantik ins Kino. Die Ursache für diese Gefühle liegt im Gehirn. Dort gaukeln uns spezielle Zellen – die Spiegelneuronen – vor, die Szene auf der Leinwand tatsächlich zu erleben. Sie reagieren beim Beobachten von Verhaltensweisen ebenso, als würde man diese selbst ausführen. Spiegelneuronen werden also nicht nur aktiv, wenn wir selbst jemanden in den Arm nehmen, sondern auch, wenn wir dies nur sehen. Sie sind darüber hinaus in der Lage, in uns jene Zustände zu erzeugen, die wir bei einer anderen Person wahrnehmen: Wir erleben, was andere fühlen, in Form einer spontanen inneren Simulation. Damit verfügen wir über eine geniale direkte Möglichkeit, unmittelbaren Aufschluss über den inneren Zustand unserer Mitmenschen zu erhalten, über ihre Absichten, Empfindungen und Gefühle. Dieser durch die Spiegelneuronen vermittelte Vorgang läuft vorgedanklich, vorsprachlich und implizit ab. Er ist die neurobiologische Grundlage für intuitives Wahrnehmen und Verstehen – und damit für nichtsprachliche Kommunikation. Das System der Spiegelneuronen ist also effizient und funktioniert auch bei minimaler Aufmerksamkeit.

Solche inneren, spontanen Simulationen können beim Betrachten von Werbung zu „virtuellen" Konsumerlebnissen führen, weil die Spiegelneuronen dafür sorgen, dass der Kunde das Gezeigte nachempfindet und so die Bedeutung für sich unbewusst, implizit, lernt. Wenn also der Protagonist in der Bierwerbung zur Flasche oder zum Glas greift und sich einen Schluck Bier gönnt, nehmen wir selbst einen virtuellen Schluck und können die Frische nachempfinden. In unserem Gehirn werden die gleichen Areale aktiviert, als würden wir diesen Schluck nehmen. In der Werbung wirkt die Inszenierung des Konsumerlebnisses vor allem durch die nichtsprachlichen Codes. Die Frage ist also nicht, ob oder wann wir das Produkt in der Werbung zeigen. Es geht darum, das Produkt oder die Dienstleistung so zu inszenieren, dass der Kunde nachempfinden kann, wie sich das Konsumerlebnis anfühlt. Kunden schlüpfen also aufgrund der Spiegelneuronen wie im Kino unbewusst in die Haut des Protagonisten, auch wenn sie der Werbung anders als im Kino nur wenig Aufmerksamkeit schenken. Denn diese Vorgänge laufen im Gehirn unbewusst und automatisch, also implizit, ab.

Sprache ist nicht differenzierend

Nicht nur im **Andrex-Beispiel**, machen die impliziten Codes den entscheidenden Unterschied aus. Denn Sprachliches ist häufig nicht nachhaltig differenzierend. Es kostet den Wettbewerber wenig Zeit und Geld, das eine oder andere Wort in seine Markenkommunikation noch zu integrieren. Zudem: Über sprachliche Argumente zu differenzieren gelingt nur in den wenigsten Fällen, weil die Produkte sich in Zeiten gesättigter Märke objektiv oder aus Sicht der Kunden stark ähneln. Das gilt für Shampoos genauso wie für Banken. Wie soll man sachlich für ein bestimmtes Shampoo oder eine Bank argumentieren? Entweder, die Unterschiede sind nicht vorhanden, der Wettbewerber ahmt sie sofort nach oder sie sind so technisch, dass der Kunde sie nicht versteht und damit keine Relevanz für sich entdecken kann. Die Differenzierung muss deshalb in erster Linie über die nichtsprachlichen, impliziten Codes erfolgen. Wie das gelingt, werden wir noch ausführlich besprechen.

Übung: *Vergleichen Sie das von Ihnen Gesagte – das gesprochene und geschriebene Wort – mit dem, was Ihre Wettbewerber sagen. Wie einzigartig sind Ihre sprachlichen Argumente?*

Sprache ist nicht effizient

Insgesamt zeigt sich: Die Sprache ist in der Markenkommunikation nur wenig differenzierend und leicht kopierbar, und auch wenig effizient, um Bedeutungen zu kommunizieren. Denn Sprache braucht Zeit und setzt ein Mindestmaß an bewusster Aufmerksamkeit und Konzentration voraus. Wir wissen aber alle um die Folgen der Reizüberflutung: Die Kunden bringen häufig die nötige Konzentration nicht mehr auf. Warum verschlüsseln trotzdem so viele Unternehmen ihre Kernbotschaften ausschließlich in sprachliche Codes? Weil sie von der Wichtigkeit und Relevanz ihrer Produkte so sehr überzeugt sind. Diese starke Überzeugung haben sie jedoch, und das ist das Problem, mit tausenden anderer Werbetreibenden gemeinsam. Warum aber ist Sprache eigentlich so wenig effizient? Unter anderem, weil sie die bewusste und konzentrierte Wahrnehmung einer Botschaft voraussetzt. Aber: Die Gehirnforschung zeigt sehr deutlich, wie unglaublich begrenzt unser Bewusstsein eigentlich ist.

Das 40-Bits-Bewusstsein

In jeder Sekunde versorgen die fünf Sinne das Gehirn mit 11 Millionen Bits Information (das sind etwa 1.4 Megabyte, die Größe einer alten Floppy-Disk), im gleichen Zeitraum verarbeitet unser bewusstes Erleben aber nur ganze 40 bis 50 Bits!

Sinnesorgan	Sensorische Bandbreite (Bits pro Sekunde)	Bandbreite des Bewusstseins (Bits pro Sekunde)
Auge 	10.000.000	40
Ohr 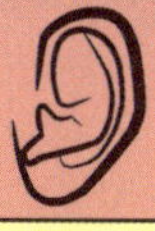	100.000	30
Haut 	1.000.000	5

Abbildung 2.8: Es gelangt sehr viel mehr Information in das Gehirn, als uns bewusst wird. Diese Informationen werden alle verarbeitet, aber nur die wenigsten werden bewusst.

Das heißt: Fast 100 Prozent der Daten, die das Gehirn aufnimmt, verarbeiten wir unbewusst, sie wirken implizit. Schauen wir uns diese erstaunlichen Zahlen etwas genauer an.

Eine Zahl wie 7 oder 2 entspricht etwa fünf Bits Information, das heißt wir können maximal acht Zahlen gleichzeitig in unserem Bewusstsein verarbeiten. Deshalb haben wir Mühe, uns eine längere Telefonnummer zu merken. Kommen wir nun zurück zur Sprache und der Frage, warum Sprache in der Kommunikation so wenig effizient ist. Ein Buchstabe entspricht etwa fünf Bits, 40 Bits also acht Buchstaben, zum Beispiel „Nodfrarf". Echte Worte können wir zwar schneller verarbeiten, aber mehr als einen kurzen Satz pro Sekunde schafft unser limitiertes Bewusstsein nicht!

> *Fast 100 Prozent der Daten, die das Gehirn aufnimmt, bleiben unbewusst. Nur ein verschwindend geringer Teil – 40 Bits – wird bewusst.*

Überlegen wir, was das für die Kommunikation bedeutet. Sprache braucht Zeit und Konzentration, um überhaupt vom Kunden verarbeitet zu werden und damit wirken zu können, also genau die mentalen Ressourcen, die in Anbetracht der Reizüberflutung besonders knapp geworden sind.

Übung: Lesen Sie den Text einer Ihrer Anzeigen oder Broschüren und stoppen Sie die Zeit. Wie lange braucht der Kunde, um alles zu lesen und zu entschlüsseln?

Werbung ist Sekundenkommunikation

Wir alle klagen über die Reizüberflutung und den überlasteten Kunden. Was ist eigentlich die Konsequenz dieser Überflutung des 40-Bits-Bewusstseins?

Alle Werbeforscher stimmen darin überein: Werbung ist Sekundenkommunikation. Warum? Weil das limitierte 40-Bits-Bewusstsein sich nicht ausführlich mit den 3.000 Botschaften täglich auseinander setzen kann. Einig sind sich die Experten auch darin, dass 95 Prozent der Werbung nur im

Vorbeigehen betrachtet werden. Längere Sätze und ausführliche Argumente können in maximal 5 Prozent der Kontakte wirken, gleichgültig ob im **Spiegel** oder im **Ärzteblatt**, egal ob es sich um die eigene Zielgruppe handelt oder nicht. Kaum jemand sitzt vor dem Fernseher mit einem Zettel und einem Stift und notiert sich die sprachlichen Argumente. Zwei Sekunden bei einer Anzeige bedeutet: Der Kunde kann maximal zwei Sätze pro Kontakt aufnehmen, das Bild nicht mit eingerechnet.

Die nichtsprachliche Kommunikation ist entscheidend

Wenn also die Sprache für das Marketing so wenig effizient ist, was steht uns dann noch zur Verfügung? Die Antwort ist: 10.999.960 Bits pro Sekunde, die das Gehirn registriert, aber die wir nur unbewusst verarbeiten. Wir haben diese riesige Datenmenge zur Verfügung, um mit unseren Kunden zu kommunizieren und Wirkung zu erzielen! Hier liegt also eine große Chance für uns alle.

> *Für die nichtsprachlichen Codes stehen fast 11 Millionen Bits zur Verfügung, um Wirkung beim Kunden zu erzielen.*

Warum verarbeitet das Gehirn den Großteil der Daten automatisiert und unbewusst? Um in der Evolution und im sozialen Austausch mit der Herde effizient kommunizieren und handeln zu können. Unser Gehirn ist auf Effizienz getrimmt, vor allem auf effiziente Kommunikation. Anstatt über einen Gesichtsausdruck lange nachdenken zu müssen, *erkennen* wir einfach seine *wahre Bedeutung*. Dieser Vorgang läuft völlig automatisch ab, beansprucht keine mentalen Ressourcen und ist deshalb so effizient.

Das Beispiel „Der Tank ist voll" hat gezeigt: Erst durch die nichtsprachlichen Signale wird die eigentliche Bedeutung einer Botschaft entschlüsselbar: durch die Stimme (laut, leise), die Haltung der Arme (Achselzucken oder Hände in der Hüfte), den Gesichtsausdruck (entspannt, verkniffen), die Hautfarbe (rot, blass) und vieles mehr. Diese Signale verarbeitet unser soziales Gehirn extrem schnell, häufig ohne dass es uns bewusst wird – sie sind Teil der 10.999.960 Bits, die das Gehirn empfängt und automatisiert verarbeitet.

Wie schnell und effizient das Gehirn aus diesen fast 11 Millionen Bits Bedeutung ableitet, untermauert eine Studie der Carleton Universität in Kanada. Sie zeigt, dass Kunden sich innerhalb von weniger als einer halben Sekunde ein erstes Urteil über eine Website bilden. Die Forscher legten Probanden mehrere Websites für jeweils eine halbe Sekunde vor. Anschließend sollten sie die Seiten auf mehreren Dimensionen beurteilen, zum Beispiel ob ihnen die Seite gefällt oder nicht. Nun kommt der springende Punkt: Eine weitere Gruppe hatte dieselbe Aufgabe, durfte die Websites aber beliebig lange anschauen. Trotz der längeren Betrachtung war ihr Urteil jedoch mit demjenigen der ersten, spontanen Gruppe nahezu identisch. Buchstäblich im ersten Augenblick entscheidet sich, ob eine Website ankommt oder nicht. Stimmt der erste Eindruck negativ, ist der Surfer weg. Fällt das spontane Urteil positiv aus, steigt er ein. Das ist bei Websites und anderen Markenkontaktpunkten nicht anders als bei der zwischenmenschlichen Kommunikation. Wir treffen jemanden und „schubladisieren" ihn sofort. Das vereinfacht unserem begrenzten Bewusstsein die Arbeit, wir müssen nicht mehr nachdenken. Stereotype und Vorurteile sind deshalb so weit verbreitet, weil sie effiziente Vereinfachungsstrategien des Gehirns sind.

Übung: Zeigen Sie jemandem, der Ihre Markenkommunikation nicht kennt, Ihre Werbemittel oder Ihre Website für eine halbe Sekunde. Welchen spontanen Eindruck hat der Betrachter? Was ist sein spontanes Urteil? Wiederholen Sie das Experiment mit Werbemitteln oder Websites Ihrer Wettbewerber – fallen die Urteile anders aus?

Weil Sprache nur sehr begrenzt wirkt und wenig effizient ist, gewinnt in der Markenkommunikation meistens das Nichtsprachliche. Umso schlimmer, wenn das Gezeigte – wie im Beispiel eines aktuellen Fernsehspots der **Dresdner Bank** – in die falsche Richtung weist.

> *Bei Diskrepanzen gewinnt das Implizite, weil dafür mehr Ressourcen im Gehirn zur Verfügung stehen.*

Abbildung 2.9: Szene eines TV-Spots der Dresdner Bank. Implizit transportiert dieses Bild genau das Gegenteil der intendierten Botschaft. Es kommuniziert Gefahr statt Chance und Wachstum.

Gesagt wird im Spot, dass der Bankberater über Chancen und Risiken aufklärt. Was aber wird gezeigt? Im Vordergrund steht das Risiko, die lange Zeit, die der Fonds im Minus war. Diese Szene dauert nur wenige Augenblicke, aber sie genügt, um über die rote Farbe und die Form – die impliziten Codes – eine nicht gewollte Botschaft zu kommunizieren. Da hilft auch das Gesagte – das „Voice Over" – nicht. Vor allem die nichtsprachlichen, impliziten Elemente müssen immer die eindeutig richtigen und wichtigen Botschaften transportieren!

Übung: *Schauen Sie sich nun nochmals Ihre Werbemittel oder weitere Kontaktpunkte mit Ihren Kunden an. Welche inhaltlichen Botschaften kommunizieren sie über die nichtsprachlichen Signale, zum Beispiel die gezeigten Protagonisten, Gesichter, Farben, Geräusche oder Symbole?*

FAZIT:

1. Effiziente Markenkommunikation nutzt mehr als nur die Sprache für den Transport der Kernbotschaften.

2. Sprache ist nicht nachhaltig differenzierend.

3. Marken haben vor allem eine inhaltliche Bedeutung, die den roten Faden definiert, weit über das rein Formale hinaus.

4. Die große Chance der Markenkommunikation besteht in den impliziten Codes, welche Zugang zu den fast 11 Millionen Bits haben, die das Gehirn jede Sekunde unbewusst aufnimmt.

III. Der Autopilot – die Neuentdeckung des Unbewussten

Abschied vom Homo oeconomicus

Die Überbetonung der Sprache basiert auf der Sicht des Kunden als rational entscheidenden Menschen, der sich über Argumente und Informationen überzeugen lässt.

Auch nach der klassischen Wirtschaftstheorie ist der Mensch ein „Homo oeconomicus", der seine Entscheidungen nach dem Prinzip der Kosten-Nutzen-Optimierung fällt. Danach wägen Kunden alle Alternativen nach ihrer Wirtschaftlichkeit ab und entscheiden sich für diejenige, die das beste Kosten-Nutzen-Verhältnis bietet.

Die Vorstellung des Homo oeconomicus ist plausibel, aber falsch. Nicht nur die Hirnforschung zeigt, dass der Kunde mit dem Homo oeconomicus nichts gemein hat, sondern nach völlig anderen Kriterien entscheidet. Aber wir müssen noch nicht einmal die Hirnforschung heranziehen, um zu merken, dass der Mensch keine Kosten-Nutzen-Optimierung betreibt, wenn er sich für das eine oder andere Produkt entscheidet. Einen Grund haben wir schon kennen gelernt: das beschränkte 40-Bits-Bewusstsein, in dem das Abwägen von vielen Vor- und Nachteilen einfach nicht zu bewältigen ist. Aber auch die Psychologie weiß schon lange, dass Menschen anderen Prinzipien folgen, als es das Homo-oeconomicus-Modell nahe legt.

Angenommen, wir wollen eine Reise buchen. Wir haben die Wahl, die Reise in Raten vor Antritt oder anschließend nach dem Urlaub zu bezahlen. Würden wir nach dem Homo-oeconomicus-Prinzip vorgehen, müssten wir die Reise nachher bezahlen, das Geld also möglichst lange auf unserem eigenen Konto behalten und dafür Zinsen einstreichen. Aber die meisten Menschen entscheiden sich dafür, eine Reise vorher zu bezahlen. Warum tun wir nicht das rational Richtige? Weil unser Gehirn einer eigenen intuitiven Logik folgt. Die implizite Faustregel, wenn wir eine Reise buchen, lautet: „Besser vorher bezahlen, dann kann ich den Urlaub voll genießen."

Wenig rational erscheint auch, dass Kunden bei einem Rabattschild auch dann zugreifen, wenn der Preis objektiv nicht besonders günstig ist. Das belegen Studien des Bonner Neurowissenschaftlers **Christian Elger**, in denen

Versuchsteilnehmern im Hirnscanner Bilder bekannter Produkte wie **Ritter-Sport-Schokolade** gezeigt wurden. Neben den Produkten wurden Preise eingeblendet, mal günstig, mal überhöht. Bei einigen Artikeln blitzte dazu ein gelbrotes Rabattschild auf – allerdings nicht immer beim günstigsten Preis. Die Aufgabe der Teilnehmer: Sie sollten angeben, ob sie das Produkt kaufen würden. Das Ergebnis zeigt, wie wenig das Homo-oeconomicus-Prinzip mit der Realität im Gehirn zu tun hat. Das Aufleuchten des Rabattschildes reichte aus, um die Teilnehmer zum Kauf des überteuerten Produkts zu bewegen. Der Grund liegt in einer Hirnregion mit dem Namen Anteriores Cingulum. Diese Region ist Teil eines Kontrollsystems, das den Kauf der teuren Uhr verhindert, wenn unser Konto im tiefroten Bereich ist. Im Hirnscanner zeigt sich nun: Ein Rabattsymbol schaltet dieses Kontrollsystem ab. Die Konsequenz ist, dass Kunden trotz überteuertem Preis etwa für die **Ritter-Sport-Schokolade** zugreifen. Dass ausgerechnet ein Symbol das spontane Verhalten der Kunden so stark beeinflusst, ist kein Zufall – wir werden im nächsten Kapitel sehen, warum und wie symbolische Codes eine so starke implizite Wirkung auf Kunden entfalten.

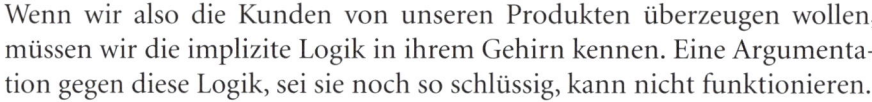

> *Subtile, implizite Codes steuern das Verhalten, nicht die reflektierten Kosten-Nutzen-Abwägungen.*

Wenn wir also die Kunden von unseren Produkten überzeugen wollen, müssen wir die implizite Logik in ihrem Gehirn kennen. Eine Argumentation gegen diese Logik, sei sie noch so schlüssig, kann nicht funktionieren.

Übung: *Denken Sie an Ihre letzten drei Anschaffungen. Überlegen Sie, welcher Logik Sie gefolgt sind. Was hat Ihre Entscheidung wirklich beeinflusst? Haben Sie alle Vor- und Nachteile geprüft und die Angebote systematisch verglichen?*

Implizite Signale beeinflussen Entscheidungen unbewusst

Fast immer sind es nicht aufwändige Kosten-Nutzen-Analysen, welche die Entscheidungen unserer Kunden beeinflussen, sondern implizite Faustregeln. Auch subtile Signale aus der Umwelt beeinflussen das Verhalten der Kunden nachhaltig. So hat ein Buchhändler seinen Umsatz zweistellig steigern können, einfach indem er einen weicheren Teppich verlegt hat. Genauso wie das Gehirn in der zwischenmenschlichen Kommunikation intuitiv auf Signale reagiert, kann das auch bei Marketingsignalen geschehen. Allein die Tatsache, dass Menschen Markensignale von Kreditkarten-Firmen wahrnehmen, beeinflusst ihr Verhalten nachhaltig. Diese Signale müssen also eine Bedeutung haben, die ein bestimmtes Verhalten erzeugt. In einer Studie waren 87 Prozent der Befragten bereit Geld zu spenden, wenn in dem Raum, in dem sie um die Spende gebeten wurden, Broschüren von **Visa & Co.** auslagen. Ohne diese Symbole lag die Spendenbereitschaft bei 33 Prozent, war also deutlich geringer. Hinterher befragt, waren den Teilnehmern diese Broschüren gar nicht aufgefallen und sie stritten ihren Einfluss auf das Spendenverhalten sogar vehement ab. Die Markensignale der Kreditkartenunternehmen wirkten also, ohne dass es den Befragten bewusst wurde, implizit auf ihr Verhalten. Menschen geben auch mehr Trinkgeld, wenn die Rechnung in Hartplastikbehältern übergeben wird, auf denen sich die Markenlogos von **Visa & Co.** befinden. Aber nicht nur das Trinkgeld steigt, sondern auch die Bereitschaft, viel Geld für ein Essen im Restaurant auszugeben. Markenlogos von **Visa & Co.** am Eingang eines Restaurants führen zu mehr Umsatz für den Restaurantbesitzer.

> *Subtile Markensignale lösen Verhaltensprogramme aus, ohne dass sich die Kunden darüber bewusst sind oder gar Auskunft darüber geben könnten.*

Tatsächlich zeigt eine Vielzahl von Studien: Schon minimale Signale reichen oft aus, unbewusste Verhaltensprogramme in Gang zu setzen. In einem Experiment wurden Probanden in einen Raum gesetzt, in dem sich ohne ihr Wissen ein Putzeimer mit einem Allzweckreiniger befand. Der entstandene Zitrusduft wurde jedoch von keinem der Teilnehmer bemerkt. Personen, die dem Putzmittelgeruch ausgesetzt waren, hatten im Vergleich zu einer Kontrollgruppe ohne diesen Duft signifikant mehr sauberkeitsbezogene Assoziationen in einem Worttest und verließen den Versuchsraum ordentlicher. Das Gehirn entschlüsselt also automatisch die Bedeutung des Zitrusdufts „Saubermachen", „Reinlichkeit" etc. – und setzt Verhaltensprogramme in Gang, ohne das 40-Bits-Bewusstsein zu belästigen. Der gesamte Prozess – von der Wahrnehmung über die Entschlüsselung der Bedeutung bis hin zur Aktivierung des Verhaltens – verläuft am Bewusstsein vorbei, er bleibt implizit. Wie ist es möglich, dass uns implizite Signale so stark beeinflussen? Die Antwort liegt auch hier bei den 11 Millionen Bits, die das Gehirn offenbar nicht nur einfach registriert, sondern mit denen es auch spontanes Verhalten auslöst. Neurowissenschaftler nennen das Auslösen solcher Verhaltensprogramme durch implizite und unterschwellige Codes „Priming" (Bahnung). Markenkommunikation kann also implizit die Kunden „primen".

Das folgende Experiment zeigt noch einmal sehr deutlich die Macht dieses impliziten Vorgangs. Der Yale-Psychologe **John Bargh** sprach am Flughafen wahllos Passagiere an, die auf ihren Flug warteten, und bat sie, an einem Test teilzunehmen. Der einen Hälfte stellte er Fragen nach ihrem besten Jugendfreund, der anderen nach dem Arbeitskollegen, mit dem sie am wenigsten gerne ein Bier trinken würden. Ohne es zu merken, waren die Probanden damit bereits beeinflusst. Das zeigte sich, als **Bargh** sie anschließend fragte, ob sie bei einem weiteren Test mitmachen würden. Fast ohne Ausnahme wollten alle, die zuvor an ihren Freund erinnert worden waren, an dem zweiten Test teilnehmen. Diejenigen aber, die über den ungeliebten Kollegen nachgedacht hatten, lehnten ab. Der kurze Gedanke an den Freund änderte also die Stimmung und die Einstellung der befragten Passagiere. Es aktivierte das Verhaltensprogramm „Freund". Und dazu zählt natürlich auch, dass man einem Freund einen Gefallen tut, also an einem zweiten Experiment eher teilnimmt. Der kurze Gedanke an den Freund bahnte („primte") ein Verhaltensprogramm.

Was bedeutet das für das Marketing? Die impliziten Codes und Botschaften, welche die Markenkontakte aussenden, sind in der Lage, Verhaltensprogramme auszulösen: von der Werbung über die Markenlogos von **Visa & Co.** in den Restaurants bis zum Teppich beim Buchhändler. Die impliziten Codes und die von ihnen ausgelöste Bahnung sind dann besonders verhaltensrelevant, wenn sie kurz vor dem Kaufakt eine Marke oder ein Produkt bahnen. Wenn Kunden zum Beispiel auf dem Weg in den Supermarkt an einem Waschmittelplakat vorbeigehen, hat das einen größeren Effekt als die am Abend zuvor gesehene Fernsehwerbung. Die Aufgabe der TV-Werbung ist es in diesem Beispiel eher, das Plakat zu bahnen und seine Wirkung damit zu erhöhen. Hier zeigt sich also, wie wichtig es ist, die verschiedenen Markenkontaktpunkte und Medien so aufeinander abzustimmen, dass sie über die impliziten Vorgänge im Kunden wirken können.

Kunden lernen Codes und ihre Bedeutung vor allem implizit

Wie können wir nun unsere Marke zum „Zitrusduft" machen, der spontanes Verhalten auslöst? Der Zitrusduft wirkt nur deshalb, weil unser Gehirn gelernt hat, diesen Code mit Sauberkeit und Reinlichkeit zu verbinden. Die Bedeutung des Codes wurde gelernt. Das zeigt sich unter anderem darin, dass für einen Spanier der Code für Sauberkeit nicht mit Zitrusduft, sondern mit Chlorgeruch verbunden ist. Damit unsere Marken also diese impliziten Verhaltensprogramme auslösen können, müssen wir den Kunden über die Markenkommunikation zeigen, welche Bedeutung sie haben. Oder die Marken und Produkte über die Markenkommunikation an vorhandene Bedeutung anschließen. Das funktioniert wie beim Zitrusduft über Lernvorgänge im Gehirn. Wie lernt eigentlich das Gehirn die Bedeutung von Codes? Beim Stichwort Lernen denken die Meisten an die Schule. Das Lernen in der Schule ist aber 40-Bits-Lernen, das uns sehr viele Ressourcen kostet und wenig effizient ist.

Die meisten Dinge aber lernen wir implizit – quasi im Vorbeigehen. Dieses implizite Lernen ist enorm mächtig, wie das folgende Experiment des Heidelberger Intuitionsforschers **Henning Plessner** zeigt. Er setzte Testpersonen vor einen Bildschirm, auf dem Werbespots zu sehen waren. Während die Testpersonen die Spots bewerten sollten, flimmerten am unteren Bildschirmrand in einem Info-Band wie bei **n-tv** oder **Bloomberg** Gewinne und Verluste von Aktienwerten entlang. Die Bitte, die Spots zu beurteilen, war nur eine Ablenkungsaufgabe. Tatsächlich interessierte den Forscher, ob die Teilnehmer trotz der Ablenkung die Aktienwerte verarbeiteten. Sie sollten deshalb anschließend angeben, von welchen der im Infoband genannten Firmen sie Aktien kaufen würden. „Das Ergebnis hat mich eine gewisse Ehrfurcht vor unserem Denkorgan gelehrt", sagt **Plessner**. Spontan waren nämlich die meisten der Teilnehmer, allesamt börsenunkundige Studenten, in der Lage, diejenigen Unternehmen mit den höchsten Gewinnen auszuwählen. Diese Auswahl war jedoch intuitiv, denn keiner der Teilnehmer konnte sich bewusst an die Börsenkurse erinnern.

Dieses Experiment ist eines von vielen, die belegen: Für eine nachhaltige Lernleistung und damit Wirkung – auch und gerade von Markenkommunikation – ist keine konzentrierte und bewusste Aufmerksamkeit nötig. Das zeigt, wie falsch die Vorstellung des AIDA-Modells ist, nach dem ohne Aufmerksamkeit keine Kommunikationswirkung möglich ist. Und eines zeigt dieses Experiment außerdem: Kommunikation kann auch wirken, wenn sich die Kunden nicht daran erinnern! Denn die Probanden in dem Experiment konnten sich an die Aktienkurse nicht erinnern, trotzdem haben diese Kurse gewirkt. Obwohl also Markenkommunikation fast immer Sekundenkommunikation ist, kann sie nachhaltige Wirkung entfalten – über das implizite Lernen. Voraussetzung dafür ist eine Kommunikation, die auf die impliziten Verarbeitungsmechanismen im Gehirn zugeschnitten ist. Wir brauchen also, um dieses mächtige Lernsystem zu nutzen, ein „implizites Marketing".

> *Kommunikation wirkt auch wenn Kunden sich nicht bewusst daran erinnern.*

Die Forscher haben inzwischen die potenzielle Macht der impliziten Lernprozesse im Gehirn erkannt. Der anerkannte Deutsche Werbeforscher **Ulrich Lachmann** beschreibt die „subtile Nebenbeiwirkung" von Werbung als besonders wichtigen Wirkmechanismus. Auch **Daniel Schacter,** Gedächtnisexperte, Professor und Vorsitzender des psychologischen Instituts der Harvard-Universität schreibt:

> *„Implizite Einflüsse auf unsere Urteile und unser Verhalten können besonders schädlich sein, weil sie auftreten, ohne dass uns das bewusst wird. Sie könnten denken, dass weil Sie der Werbung im Fernsehen oder der Zeitung wenig Aufmerksamkeit schenken, Ihre Urteile über Produkte nicht beeinflusst werden. Niemand von uns möchte glauben, dass unsere Kaufentscheidungen von Werbung beeinflusst werden, die wir kaum wahrnehmen. Aber gerade die Tatsache, dass wir uns der Quelle der Beeinflussungen nicht bewusst sind, macht uns so anfällig für mentale Verunreinigungen."*
> (Schacter, D., In Search For Memory, 1997, S. 124)

Der Werber würde statt „Verunreinigung" Werbewirkung sagen. Wie können wir also dieses mächtige System im Gehirn der Kunden ansprechen und für die Markenkommunikation nutzen? Bevor wir im nächsten Kapitel diese Frage beantworten, müssen wir uns etwas genauer mit diesem System auseinander setzen. Denn genau hier liegt die große Chance des Marketing, welche die Hirnforschung in den letzten Jahren aufgedeckt hat.

Die Neuentdeckung des Unbewussten durch die Hirnforschung

Von der Hirnforschung bis zur Sozialpsychologie haben die Forscher das „neue Unbewusste" entdeckt. Es hat nichts mehr mit Freuds „feucht-fröhlicher Dunkelkammer" zu tun. Deshalb sprechen die Forscher lieber von „impliziten" Vorgängen. Lange Jahre war das Unbewusste tabu, es galt geradezu als unwissenschaftlich, sich dazu zu äußern. Heute wissen wir aber, dass das Bewusstsein eher den Ausnahmezustand beschreibt. Die Hirnforschung hat seit einigen Jahren das „Unbewusste" bzw. „Implizite" wieder salonfähig gemacht. Auch deshalb haben sich die Psychologen inzwischen wieder der Erforschung der impliziten Vorgänge gewidmet. Es geht also nicht mehr nur um die Emotionen und Triebe, sondern auch um Gedächtnis, Lernen, Wahrnehmung und Entscheidungen – also kognitive Vorgänge, zu denen wir aber auch keinen bewussten Zugang haben. Sie sind implizit. Die gesamte nichtsprachliche Kommunikation verläuft implizit. Aber auch grundlegende Vorgänge wie die Wahrnehmung entziehen sich unserem Bewusstsein. Niemand kann sagen, wie das Gehirn die Bedeutung des Wortes „Giraffe" abruft – es passiert einfach. Genauso wenig haben wir Einblick in die Vorgänge, die in unserem Gehirn ablaufen, wenn wir im Zoo eine Giraffe sehen und sie als solche erkennen.

Die folgende Analogie soll helfen, die Funktionsweise des Gehirns und des neuen Unbewussten besser zu verstehen. Wie bei einem Flugzeug gibt es in unserem Gehirn zwei Instanzen: den Piloten und den Autopiloten. Der Pilot ist eher dafür zuständig, die ganz schwierigen Dinge wie Start und Landung zu übernehmen, und für den Rest des Fluges übernimmt der Autopilot die Steuerung. Der Pilot verlässt sich während des ganzen Fluges auf den Autopiloten, ohne wirklich zu wissen, was im Autopiloten vorgeht. Die ganzen Rechenoperationen im Autopiloten sind für den Piloten nicht transparent. Genauso verhält es sich im Gehirn. Der Pilot entspricht dem 40-Bits-Bewusstein, der Autopilot kümmert sich um die verbleibenden 10.999.960 Bits. Unser Bewusstsein kriegt ebenfalls wenig bis nichts davon mit, was im Impliziten, Unbewussten – dem Autopiloten im Gehirn – vor sich geht.

> *Das neue Unbewusste sind die impliziten, also nicht reflektierten Vorgänge im Gehirn, die unser Verhalten massiv steuern, wie ein Autopilot.*

Erfolgreiches Marketing kommuniziert vor allem mit dem Autopiloten

Die aktuelle Forschung zeigt eindeutig, dass in unseren Köpfen zwei grundsätzlich verschiedene Systeme am Werk sind. Der Psychologe und Nobelpreisträger **Daniel Kahneman** nennt diese beiden Systeme „System 1" und „System 2".

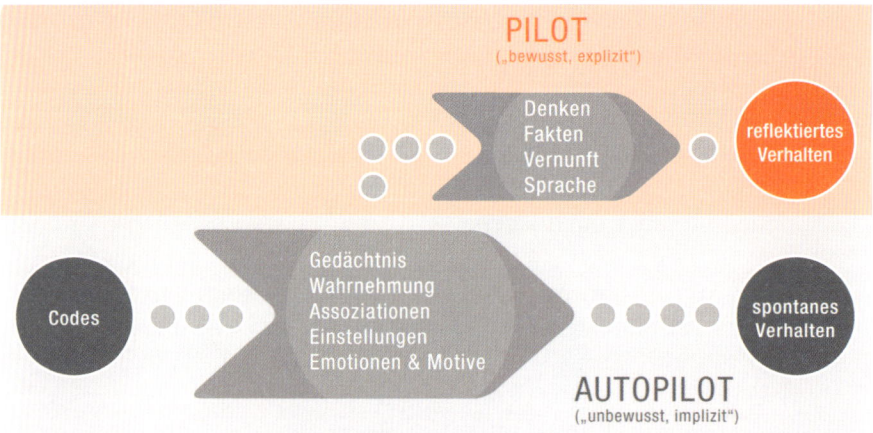

Abbildung 3.1: Die beiden Systeme im Gehirn: Pilot und Autopilot. Der Autopilot steuert das Verhalten implizit, d. h. ohne darüber zu reflektieren, und handelt spontan. Der Pilot dagegen handelt reflektiert. Die Vorgänge im Autopiloten sind für den Piloten meist nicht einsehbar.

„System 1": *Der Autopilot.* Der Autopilot in unserem Kopf ist hoch effizient, intuitiv (zum Beispiel durch die Spiegelneuronen), spontan, entscheidet in zwei Sekunden, liebt Geschichten und Symbole und hasst Argumente und Logik. Er arbeitet im Untergrund, er arbeitet implizit. Er nimmt lieber 50 Euro heute als 100 Euro in einer Woche, greift zur Schokolade, obwohl wir gerade abnehmen wollen, zur Zigarette, wenn wir Kaffeeduft riechen, und beschert den Shopping-TV-Sendern gute Umsätze. Meistens arbeitet der Autopilot unbewusst, wir kriegen von seinem Treiben wenig bis gar nichts mit. Er ist emotional **und** kognitiv. Hier sind die automatisierten Programme gespeichert, die durch die Codes (zum Beispiel einen Zitrusduft oder ein Markenlogo von **Visa & Co.**) aktiviert werden und dann unbewusst unser Verhalten steuern.

„System 2": *Der Pilot.* Der Pilot enthält alle Emotionen und kognitiven Vorgänge, die uns bewusst sind und die wir deshalb kontrollieren können. System 2 ist langsam, fällt Entscheidungen nur zögerlich, kann dafür aber planen und nachdenken. Mit System 2 lösen wir die Aufgabe 12 x 48 und ziehen die Wurzel aus der Zahl 81. System 2 ist beherrscht, kontrolliert, aber auch flexibler als System 1. Wenn wir den teuren Ring doch nicht kaufen, weil unser Bankkonto nach Weihnachten leer geräumt ist, oder doch mit dem Rauchen aufhören oder die Diät beginnen, dann ist das System 2 am Werk. Die Arbeit von System 2 ist anstrengend und kostet viel Energie. Dafür sind die Vorgänge bewusst, wir sind voll informiert.

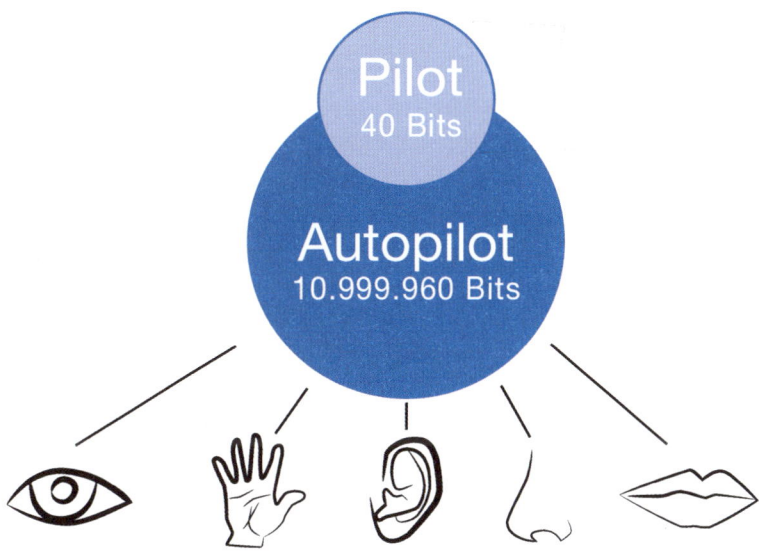

Abbildung 3.2: Der Autopilot verarbeitet alle Informationen aus der Umwelt und hat eine fast unbegrenzte Kapazität. An den Piloten wird aber nur ein minimaler Teil weitergegeben. Der Pilot, unser Bewusstsein, hat nur 40 Bits zur Verfügung und ist damit sehr begrenzt.

Kurz gesagt haben wir also zwei Funktionsweisen: eine automatisierte (Autopilot) und eine reflektierte (Pilot). Diese Unterscheidung ersetzt diejenige zwischen „emotionalen" und „rationalen" Vorgängen im Gehirn. Denn sowohl der Autopilot als auch der Pilot sind gleichzeitig emotional und auch kognitiv. Die Aufteilung in automatisierte, implizite und reflektierte, explizite Vorgänge kommt der Realität im Gehirn sehr viel näher als diejenige in emotionale und rationale Vorgänge.

Die neurologische Grundlage des Piloten und des Autopiloten

Obwohl es problematisch ist, komplexe Funktionen wie diejenigen des Piloten oder des Autopiloten anatomischen Strukturen zuzuordnen, können wir die wichtigsten Hirnregionen der beiden Systeme grob verorten. Die Arbeit des Piloten basiert unter anderem auf dem so genannten dorso-lateralen präfrontalen Kortex ganz vorne im Gehirn, im so genannten Stirnhirn.

In dieser Hirnregion wird das Zentrum des Arbeitsgedächtnisses vermutet, mit dem wir zum Beispiel darüber nachdenken, wo wir den nächsten Urlaub verbringen wollen. Zum Piloten gehört zudem das Anterior Cingulum, das unter anderem auch Konflikte und Turbulenzen des Autopiloten registriert und darauf reagiert. Der Autopilot basiert auf einer Vielzahl von Hirnstrukturen, denen gemeinsam ist, dass sie ihre Arbeit weitgehend unbewusst verrichten. Dazu gehören alle sensorischen Areale, das limbische System (das Emotionszentrum), der orbitofrontale Kortex (das Bewertungszentrum) und die Basalganglien (die Mustererkenner und -lerner).

EIN EXPERIMENT ZUM AUSPROBIEREN:

Meistens arbeiten Pilot und Autopilot gut zusammen, deswegen erleben, wir sie auch nicht als zwei getrennte Systeme. Um beide Systeme zu erleben müssen wir einen Konflikt zwischen ihnen konstruieren. Genau das ist der Sinn des folgenden Experiments. Gehen Sie die folgende Tabelle spaltenweise durch und nennen Sie dabei so schnell wie möglich die <u>Farben der Wörter</u> (Sie beginnen also links oben mit „grün", „blau", „gelb" …). Wichtig: Sie sollen <u>nicht die Wörter selbst vorlesen</u>, sondern nur die Schriftfarben nennen!

gelb	gelb	blau	blau	gelb
grün	grün	grün	rot	gelb
grün	weiß	gelb	blau	Rot
schwarz	rot	rot	gelb	blau
rot	blau	rot	grün	Rot

Das war gar nicht so einfach, richtig? Aber woran liegt das? Sie werden die Erklärung vielleicht ahnen: Der Effekt beruht darauf, dass Autopilot und Pilot sich gewissermaßen „in die Quere" kommen. Das Nennen der Farben ist dabei die primäre Aufgabe, die Konzentration erfordert und bewusst gesteuert werden muss (Pilot). Der zweite Prozess, das Erfassen von einfachen Farbwörtern, ist eine Fertigkeit, die automatisch, unwillkürlich abläuft und auch nicht unterdrückt werden kann (Autopilot).

Der Autopilot wirkt auch bei Geschäftskunden

Häufig hören wir die Aussage, dass die Kommunikation mit Geschäftskunden ganz anderen Regeln folgt als die Kommunikation mit Endkunden. Natürlich sind die Entscheidungsprozesse beim Einkauf von Turbinen oder Kränen komplexer. Aber am Ende sind es Menschen, die diese Entscheidungen treffen. Und selbst der Ingenieur hat nur ein 40-Bits-Bewusstsein in seinem Piloten und einen mächtigen Autopiloten, der ihn antreibt.

Bei jeder Kommunikation, jedem Kontakt mit der Marke und jeder Kaufentscheidung sind also immer diese beiden Systeme im Spiel. Die Ausgestaltung der Markenkontaktpunkte kann deshalb nur erfolgreich sein, wenn sowohl der Autopilot als auch der Pilot systematisch angesprochen werden. Das gilt also nicht nur für die **Mars-Riegel** und Jogurts, sondern auch für komplexe Produkte wie beispielsweise Investitionsgüter. Solche Güter wie Kräne oder Turbinen gelten als der klassische Fall für „Fakten"-Werbung, die sich an den Piloten richtet. Das folgende Beispiel zeigt jedoch, dass auch hier beide Systeme berücksichtigt werden müssen.

Ein Unternehmen verkauft große Kräne. In der Werbung kommuniziert man Fakten und Vorteile über die Fahrzeuge, ihre Leistungsparameter und vieles mehr. Um die Werbung auffällig zu gestalten, zeigt die Agentur die Kräne in Großansicht. Menschen sind nicht zu sehen. Die Werbung floppt. Eine Analyse ergibt: Das Problem liegt in der Furcht des Kranführers vor der Überlegenheit des gigantischen Krans. Die ganzen Argumente für den Piloten werden deshalb außer Kraft gesetzt. Die werbliche Inszenierung der Kräne hat also implizit eine Botschaft transportiert, die vom Auftraggeber so nicht gedacht war. Der Autopilot des Kranführers hat offenbar eine ganz andere Botschaft entschlüsselt: „Der Kran ist stärker als du." Diese Werbung kann nur funktionieren, wenn man den Autopiloten des Kranführers davon überzeugt, dass er mit einigen Handbewegungen den Kran „beherrschen" und in den Griff kriegen kann. Die Optimierung der Anzeige liegt jetzt nicht darin, einfach einen Menschen zu zeigen, sondern man muss zeigen, wie der Kranführer den Kran im Griff hat. Über die Spiegelneuronen können die Kranführer sich dann in die Lage versetzen, den Kran zu steuern. Das Beispiel zeigt: Auch in der Geschäftskundenwerbung („Business-to-Business") zählt der Autopilot! Aber mehr als beim **Mars-Riegel** müssen wir hier auch das Zusammenspiel mit dem Piloten beachten.

> *Auch in der b2b-Kommunikation müssen die impliziten Codes genutzt und berücksichtigt werden, um Wirkung zu erzielen. Auch hier ist die Wirkung von rein sachlichen Argumenten nur begrenzt.*

Pilot und Autopilot arbeiten zusammen

Wir haben gesehen, dass der Autopilot den Großteil unseres Verhaltens steuert und dass der Pilot oft gar nicht weiß, was das Verhalten antreibt. Das gilt für jede Produktart, gleichgültig, ob **Mars-Riegel** oder Auto. Der Pilot ist aber trotzdem immer da und muss ebenfalls beachtet werden. Eine wichtige Funktion des Piloten ist es, unser Verhalten zu rationalisieren und zu rechtfertigen. Dieses Bedürfnis des Piloten muss in der Markenkommunikation bedient werden. So können Aussagen wie zum Beispiel „Jetzt noch besser" oder „Umweltverträglich" oder „Dermatologisch getestet" ausreichen, dieses Rechtfertigungsbedürfnis zu befriedigen. Dieses Bedürfnis wird umso wichtiger, je relevanter die Entscheidung ist. Auch beim Autokauf überwiegen die Vorgänge im Autopiloten, aber speziell in der Markenkommunikation müssen wir hier dem Piloten auch „rationale" Gründe – etwa den neuen Vier-Rad-Antrieb oder die Kurbelwelle – als Kaufgründe anbieten. Erfolgreich setzt dies zum Beispiel die **ING-DiBa** um: Die Zugabe eines Tankgutscheins von 25 Euro bei Eröffnung eines Tagesgeldkontos ist genau solch eine Rechtfertigung. Nach dem renommierten Neurowissenschaftler **Michael Gazzaniga** gibt es im linken, vorderen Stirnhirn (Teil des Piloten) eine eigene Instanz für solche Rechtfertigungen. **Gazzaniga** nennt diese Hirnregionen „den Interpretierer" (Gazzaniga, M., 1998, S. 25), weil sie in erster Linie damit beschäftigt ist, das Verhalten des Autopiloten zu interpretieren und zu rechtfertigen. In der Werbung müssen die Bedürfnisse dieses Interpretierers und Rechtfertigers berücksichtigt werden, indem gerade bei relevanten Kaufentscheidungen „rationale" Gründe für den Kauf oder das Produkt genannt werden.

> *Die expliziten, sachlichen Argumente sind wichtig, um den Piloten zu „bedienen", damit die wahren Treiber im Autopiloten arbeiten können. So kann der Kunde sein Selbstbild als rational Handelnder und Entscheidender aufrechterhalten.*

FAZIT:

1. Es gibt zwei Systeme im Gehirn: den Piloten und den Autopiloten.

2. Markenkommunikation kann nur dann erfolgreich sein, wenn sie auch im Autopiloten wirkt. 95 Prozent des Kundenverhaltens läuft implizit ab und wird vom Autopiloten gesteuert. Nur wer die Logik des Autopiloten kennt und versteht, kann das Verhalten seiner Kunden steuern.

3. Die Bedeutung und Botschaften der Markenkommunikation werden vor allem implizit gelernt und entfalten ihre Wirkung auch ohne bewusste Verarbeitung.

4. Wir müssen also „implizites Marketing" betreiben, um wirklich erfolgreich zu sein!

IV. Codes – die vier Zugänge ins Kundenhirn

Wir kommunizieren mehr als wir denken

Ein Fernsehspot für ein **Dove-Deodorant** kommuniziert die Botschaft, dass das Deodorant einen vor Schweiß bewahrt und selbstsicher hält. Diese Botschaft macht das Produkt sicherlich wünschenswert. Doch ebenso wichtig dürfte die Hintergrundbeleuchtung sein, die einen Eindruck von Sonnenlicht im Raum erweckt, und ein Vorhang, der sich im leichten Wind bewegt. Solche Elemente werden kaum aktiv verarbeitet, nicht einmal bewusst wahrgenommen, doch das Gefühl eines kühlen Lufthauchs an einem heißen Sommertag wird vom Autopiloten implizit mitverarbeitet. Wenn dann der Kunde im Supermarkt auf das Produkt stößt, erinnert er sich zwar möglicherweise an die explizite Botschaft (schweißfrei, selbstsicher), doch die automatische Assoziation eines kühlen Lufthauchs an einem heißen Tag kann für die Kaufentscheidung genauso wichtig oder sogar wichtiger sein. Das **Dove-Beispiel** zeigt nochmals, dass wir immer mehr kommunizieren, als wir denken. Markenkommunikation besteht also immer aus einer Vielfalt von Bedeutungsträgern: dem gesagten oder geschriebenen Wort, der Hintergrundbeleuchtung in einem Spot, den verwendeten Bildern, der Musik, den Geräuschen, die zum Beispiel der Riegel beim Abbeißen macht, der Haptik der Verpackung, der Typografie, den Lichtverhältnissen in einer Filiale und vielem mehr. Auch wenn ein TV-Spot keine Bilder, sondern nur Texte zeigt und auch sonst keine Musik und Farbe zu hören und zu sehen ist, wird mehr Bedeutung transportiert als nur die schriftlich kodierte Bedeutung. Denn es ist bedeutsam, wenn man der Einzige ist, der auf Musik und Bilder verzichtet. Zudem transportiert auch die Typografie eine Bedeutung. Jedes Werbemittel, jeder Kontaktpunkt mit der Marke oder dem Produkt vermittelt sehr viel mehr Bedeutungen als die darin enthaltenen sprachlichen und expliziten Botschaften. Das ist genau wie bei der zwischenmenschlichen Kommunikation. Was gesagt wird, macht nur einen kleinen Teil der Bedeutung aus, die beim Empfänger ankommt.

Nicht nur in der Werbung können die impliziten Codes den Unterschied ausmachen. So hat der **Unilever-Konzern** herausgefunden, dass Tiefkühlkost nicht, wie erwartet, einen lustvollen Aspekt des modernen Verbraucherlebens darstellt, sondern von den Kunden vielmehr als „der am wenigsten belohnte Kaufakt" empfunden wird. Tiefkühlkost ist kalt, die Packungen schmelzen in der Einkaufstasche und nach dem Supermarktbesuch muss man sich beeilen, um schnell nach Hause zu kommen. Und auch zu Hause bleibt das Erlebnis unbefriedigend, der Kunde muss im Tiefkühlfach kramen, die Hände sind kalt, der Platz ist knapp und so weiter. **Unilever** entschied sich deshalb, diese Nachteile zu verbessern. Verändert wurden dabei nur die impliziten, nichtsprachlichen Codes. Die Packungen wurden optisch wärmer gestaltet, die Tiefkühltruhen wurden mit Farbcodes versehen, die Tiefkühlzone zeigte Bilder von frischem Gemüse und Fleisch. Durch diese vermeintlich trivialen Maßnahmen stiegen die Verkaufserlöse um bis zu 15 Prozent.

Die impliziten Codes sind die wahren Treiber des Umsatzes.

Die vier Bedeutungsträger der Markenkommunikation

Diese Beispiele zeigen noch einmal sehr deutlich, wie mächtig und vor allem umsatzrelevant die impliziten, nichtsprachlichen Codes in der Markenkommunikation sind. Um nun diese Chance zu nutzen, haben wir auf der Basis der Hirnforschung und ihrer angrenzenden Gebiete eine systematische Analyse der in der Markenkommunikation verfügbaren Codes durchgeführt. Diese Analyse ergibt: Es gibt neben der Sprache drei weitere Träger von Bedeutungen und Botschaften, die in ihrem Zusammenspiel den Erfolg von Markenkommunikation ausmachen:

- *Die Geschichte*: erzählte Geschichten und gezeigte Episoden.

- *Die Symbole*: Protagonisten (zum Beispiel **Herr Kaiser**), Figuren, Handlungsplätze (zum Beispiel das offene Meer), Markenlogos und vieles mehr.

- *Die Sinne*: alle sensorischen Erlebnisse, die in der Kommunikation vermittelt werden: Farben, Formen, Geräusche, Lichtverhältnisse, Typografie, Haptik – alles, was wir ganz konkret wahrnehmen, was unsere Sinne unmittelbar stimuliert.

Nehmen wir die Sprache hinzu, ergeben sich also insgesamt vier Bedeutungsträger für die Markenkommunikation. Über diese vier Zugänge zum Kundengehirn können wir explizite und vor allem implizite Botschaften übermitteln.

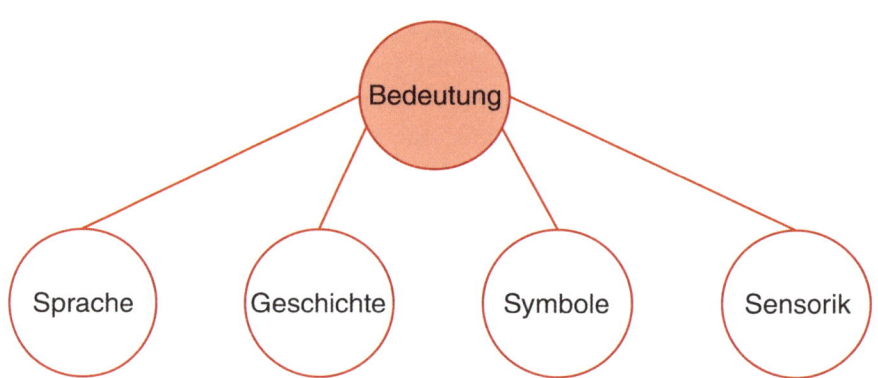

Abbildung 4.1: Im Kommunikationsprozess wird die Bedeutung von Botschaften mit Hilfe dieser vier Bedeutungsträger transportiert.

Diese vier Codes bilden die Brücke zwischen Produkt und Kunden. Das Management dieser Codes schließt die Umsetzungslücke zwischen Strategie und Umsetzung in der Markenkommunikation. Schauen wir uns also die einzelnen Bedeutungsträger genauer an.

Die Sprache als Bedeutungsträger

Die Bedeutung des Sprachlichen, also des Gesagten oder Geschriebenen, ist offensichtlich und explizit. Die sprachlich kodierten Bedeutungen und Botschaften sind zwar klar, aber auch hier kommt es auf die Details an. Denn auch die Sprache überträgt implizite Bedeutungen! Ein Wort mit Ausrufezeichen aktiviert zum Beispiel stärker als dasselbe Wort ohne dieses Ausrufezeichen. Das Wort „Regeneration" wirkt sanfter als „Heilung", zudem glaubwürdiger und wird von den Konsumenten mit den Selbstheilungskräften des eigenen Körpers verbunden. In Zeiten, in denen die Schulmedizin in Misskredit geraten ist, Wellness und Ayurveda hoch im Kurs stehen, kann dies ein wichtiger Unterschied für den Erfolg einer Kampagne sein. Das Wort „Regeneration" überträgt also eine andere implizite Bedeutung als das Wort „Heilung", es kodiert andere implizite Inhalte.

Sogar einzelne Buchstaben transportieren mehr als nur eine explizite Bedeutung. So klingt der Vokal „A" klar und kühl, das „U" transportiert Schwere. Konsonanten wie „K" oder „T" klingen eher hart, während „M" oder „L" weicher klingen. Es gibt eine eigene Forschungsrichtung, die sich nur mit der Bedeutung der Phonetik beschäftigt: der phonetische Symbolismus. Nehmen wir das „M" als Beispiel. Das gebogene M von **McDonald's** unterstreicht den weichen Klang des Buchstaben. Betrachten wir nun auch noch die Geschichten, die in den **McDonald's-Spots** erzählt werden, kommen wir schnell an den Kern der Marke: Geborgenheit, Familie und Zuhausesein.

> *Selbst Sprache beinhaltet nicht nur Explizites, sondern auch implizite Aspekte wie zum Beispiel den Wortklang.*

Welche sprachlichen Codes gibt es nun insgesamt in der Markenkommunikation? Hier sind einige typische Beispiele: Schlagworte (etwa „Rabatt", „Neu"), Slogans, Claims, Voice Over im TV-Spot, Songtexte, Dialoge der Protagonisten in einem Fernseh- oder Radiospot, aber auch die Sprachmelodie, Wortklänge, Satzbau (kompliziert oder einfach), Einsatz von Fachbegriffen und vieles mehr. Um die expliziten und vor allem die impliziten Bedeutungen der sprachlichen Codes zu steuern, müssen all diese Aspekte analysiert werden.

Übung: *Überprüfen Sie die impliziten Bedeutungen der von Ihnen genutzten Begriffe und Worte. Welche implizite Bedeutung überträgt zum Beispiel der Name Ihrer Marke? Wie klingt Ihr Markenname?*

Vor allem der Autopilot reagiert auf die impliziten Bedeutungen und Botschaften der sprachlichen Codes. Und genau den Autopiloten gilt es ja zu überzeugen. Wir dürfen dabei aber nicht vergessen, dass speziell die Schriftsprache eine neue Errungenschaft des Menschen ist, sie hat sich erst vor etwa 6.000 Jahren entwickelt. Unsere Vorfahren haben aber auch vorher schon kommuniziert, zum Beispiel indem sie sich Geschichten erzählten.

Geschichten sind effiziente Bedeutungsträger

Geschichten waren schon immer eine wichtige Möglichkeit für Menschen, Bedeutsames zu kommunizieren. Schauen wir ins Gehirn, finden wir sogar eigene neuronale Netzwerke, die sich um das Speichern von Geschichten kümmern. Die Gedächtnisforscher sprechen hier vom „episodischen Gedächtnis", weil es beispielsweise unsere eigene Lebensgeschichte speichert, das autobiografische Gedächtnis beinhaltet. Etwa die Erinnerung an den ersten Kuss, die Abschlussprüfung an der Uni oder unseren ersten Arbeitstag. Geschichten haben schon immer die Aufgabe gehabt, Bedeutungen und Kulturwissen verschlüsselt, also implizit, von Generation zu Generation zu übertragen. So sind Märchen und Mythen von Generation zu Generation übertragen worden. Märchen sind aber – wie nicht nur Psychologen wissen – nicht nur nette Geschichten vor dem Zubettgehen, sondern transportieren implizit Bedeutungen und Kulturwissen.

> *Geschichten transportieren implizite, kulturell gelernte Bedeutungen, weit über das Offensichtliche und Explizite hinaus.*

Diese impliziten Bedeutungen finden sich auch heute noch in Kino- und Spielfilmen wieder. So ist die Fernsehsendung **„Lotta in Love"** eine erfolgreiche Neuauflage des Märchens Aschenputtel: Eine unterschätzte Frau verliebt sich in den Prinzen. Der Erfolg solcher Filme und Serien belegt die Strahlkraft, die diese Geschichten auch heute noch auf Menschen haben.

Nicht nur diese Beispiele machen deutlich, dass Geschichten häufig starke Emotionen auslösen und uns bewegen. Genau dieser emotionale Aspekt führt dazu, dass sie eine starke Wirkung auf Kunden entfalten. Menschen lieben Geschichten. Das „Story Telling" ist deshalb im Marketing inzwischen ein beliebtes Instrument, Bedeutungen zu übermitteln. Geschichten sind unter anderem deshalb wirksame Bedeutungsträger, weil wir sie aufgrund der Spiegelneuronen spontan miterleben können. Es besteht deshalb kaum ein Unterschied zwischen erlebten und erzählten Geschichten, denn wir müssen eine Geschichte miterleben („simulieren"), um sie zu verstehen. Dazu kommt, dass Geschichten sehr effiziente Bedeutungsträger sind.

Nehmen wir als Beispiel das **Maggi-Kochstudio**. Hier wird nicht nur ein neues Produkt beworben, sondern eine Geschichte erzählt. Die Geschichte inszeniert implizit den Mehrwert, den die Marke **Maggi** bietet. Sie handelt davon, wie eine mütterliche Person jemanden dabei unterstützt, ein leckeres Gericht zu kochen. Genau diese Unterstützung der Kunden beim Kochen ist eine der Funktionen von **Maggi**. Die Geschichte ist hier also ein impliziter Code, der die Bedeutung der Marke **Maggi** effizient und implizit kommuniziert. Würde man diese Funktion explizit erzählen, würden sich die Käuferinnen ertappt fühlen. Denn das leckere Gericht soll ja der Köchin und nicht **Maggi** zugeschrieben werden. Geschichten sind also effiziente Bedeutungsträger, denn nicht selten darf eine Botschaft nur implizit erzählt werden, um keine Widerstände zu erzeugen. Und genau hier liegt eine der großen Stärken von Geschichten (den episodischen Codes).

Schauen wir uns ein weiteres Beispiel an, dieses Mal aus der Automobilwerbung: eine Kampagne von **Skoda**. Zum Verständnis des Spots muss man wissen: **Skoda** kämpft gegen das Image des etwas langweiligen und biederen „Ostautos", was bei einem Prestigeobjekt wie einem Auto ein echtes Problem ist. Der Spot erzählt folgende explizite Geschichte:

■ *Man sieht eine etwas ältere, schrullige Frau im grauen Anzug auf der Brücke stehen. Als ein Zug vorbeifährt, springt sie ab und klammert sich am Zugdach fest, ganz in „James Bond"-Manier. Sie lässt sich kopfüber vom Dach hinunterhängen, um in das Zuginnere zu sehen. Endlich sieht sie, was sie gesucht hat – und springt mit vollem Schwung durch die Scheibe. Im Zuginneren sitzt ihr Chef, den sie unbedingt an einen Termin erinnern will.* ■

Zunächst ist wichtig, dass die Protagonistin kein perfektes Model, sondern eben eine etwas in die Jahre gekommene Assistentin ist. Die Assistentin und ihr Äußeres kommunizieren implizit die Aussage: Der **Skoda** ist nicht perfekt. Die Assistentin ist also ein Symbol für den **Skoda**. Eine jüngere Frau mit einem Minirock hätte hier nicht funktioniert. Was könnte der extreme Aufwand der älteren Assistentin bedeuten? Dass der **Skoda** nicht perfekt ist, seinen Besitzer aber nicht im Stich lässt. Die erzählte Geschichte kodiert also die Bedeutung von „Zuverlässigkeit" (und Mut, Kreativität, Originalität). Die in der Geschichte enthaltene Protagonistin ist ein Symbol und damit ebenfalls Bedeutungsträger.

Die neuronalen Grundlagen des episodischen Gedächtnisses

Neuere Untersuchungen unterscheiden innerhalb des Gedächtnisses ein episodisches Gedächtnis („Was mir Montag voriger Woche in Hamburg passierte") und ein Wissensgedächtnis, das sich auf Fakten bezieht („zwei mal zwei ist vier"). Das episodische Gedächtnis gilt als das am höchsten entwickelte Gedächtnissystem des Menschen. Es ist deshalb auch bei Hirnschädigungen besonders anfällig. Die Einspeicherung des episodischen Gedächtnisses wird dem Hippocampus im engeren Sinne zugeordnet, das Wissensgedächtnis im benachbarten entorhinalen, perirhinalen und parahippocampalen Cortex (EPPC). Das episodische Gedächtnis ist stark an Emotionen gekoppelt, unter anderem durch die enge anatomische Verknüpfung zwischen dem Hippocampus und der Amygdala. Der zentrale Aspekt dieser Gedächtnisform ist, dass sie zeitliche Ordnungskriterien umfasst. Wie der Name andeutet, speichert das Gehirn hier in erster Linie Episoden, also Geschichten. Geschichten sind letztlich nichts anderes als zeitlich geordnete Bedeutungsmuster.

Nach neuesten Forschungsergebnissen, unter anderem der Neuropsychologin **Henke Westerholt** *von der Universität Zürich, verfügt der Mensch auch über ein unbewusstes episodisches Gedächtnis. Wir speichern auch solche Geschichten, die wir gar nicht behalten wollen. Zum Beispiel die Geschichten des Alltags. Wir nehmen uns ja meistens nicht vor, eine bestimmte Episode zu lernen – das erledigt unser Gehirn automatisch, vorausgesetzt die Episode ist bedeutsam. Es geht also nichts verloren.*

Geschichten machen neugierig

Aber nicht nur in TV-Spots können wir die Kraft von Geschichten nutzen, sondern auch in Printanzeigen, Plakaten und Mailings. Die Kraft von Geschichten wird insgesamt im Marketing auch heute noch erfolgreich genutzt, wie das Beispiel von **„Frau Woodbridge und ihrem Hund Daisy"** zeigt. Frau Woodbridge ist eine 85-jährige Britin, die sich vorgenommen hat, den Mount Everest zu besteigen. Sie schreibt – auf der Suche nach Sponsoren – per E-Mail eine Vielzahl von Unternehmen und internationalen Medien an. Sie richtet eine Website ein, auf der sie ihre Trainingsmethoden vorstellt, erklärt, welche Route sie nehmen wird und vieles mehr (www.mary-woodbridge.co.uk).

Abbildung 4.2: Die Website www.mary-woodbridge.co.uk

Der Effekt dieser Geschichte ist riesig. Bald schon füllen hunderte von Einträgen das Gästebuch der Website. Kletterer und andere verlinken auf ihre Website, über 250 Medien berichten weltweit über die Oma, die den Mount Everest bezwingen will. Das Beste an der Geschichte: Es gibt keine und gab nie eine Mary Woodbridge! Die Geschichte war komplett erfunden. Allerdings dauerte es eine ganze Weile, bis die Täuschung offensichtlich wurde. Erst als der Initiator – eine Ausrüsterfirma für Outdoor-Aktivitäten – eine Werbung auf der Website schaltete, wurde klar, dass die Geschichte von Oma Woodbridge eine Inszenierung ist. Die Botschaft des Unternehmens war: Mit so guter Ausrüstung kann man sich leicht zu sicher fühlen. Allein über die Produkteigenschaft der sicheren Kletterausrüstung wäre dieser Marketingerfolg nicht erreichbar gewesen. Aber über die Inszenierung durch diese Geschichte wurde die Marke mit Bedeutung aufgeladen. Noch heute nutzt das Unternehmen die Faszination von Mary Woodbridge und ihrer Geschichte für viele Marketinginstrumente: vom POS-Aufsteller bis zur Broschüre. Auch wenn inzwischen jeder weiß, dass die Geschichte ein Märchen ist, funktioniert sie immer noch.

Übung: Überlegen Sie, ob Sie das Potenzial der Geschichten in Ihrer Markenkommunikation nutzen. Falls nein, welche Aspekte Ihrer Marke könnten über eine Geschichte implizit inszeniert werden?

Welche Geschichten und episodischen Codes gibt es in der Markenkommunikation? Hier sind einige weitere Beispiele: die in TV-Spots erzählte Geschichte, fotografierte Episoden auf Anzeigen oder Plakaten, erzählte Geschichten in der Radiowerbung, Marketinggeschichten wie diejenige von Mary Woodbridge. Episodische Codes transportieren neben einer expliziten immer auch eine implizite Bedeutung, etwa Spannungsbogen, Metaphern, Anspielung auf Mythen. Die explizite Bedeutung ist das, was die Kunden nacherzählen können, während die implizite Bedeutung auf den Autopiloten wirkt.

Die Geschichten erhalten ihre Effizienz vor allem auch deshalb, weil sie Symbole integrieren. So steht zum Beispiel beim **Maggi-Kochstudio** die Kochschürze für Mütterlichkeit und Tradition. Die leicht angegraute Assistentin beim **Skoda-Spot** ist ein Symbol für das angestaubte Image der Marke. Symbole sind also, neben der Sprache und den Geschichten, der dritte Code, über den Markenkommunikation Bedeutung und Botschaften übertragen kann.

Symbole sind besonders effiziente Bedeutungsträger

Das Beispiel mit den Rabattsymbolen, die den Piloten ausschalten und den Autopiloten aktivieren, hat die Kraft symbolischer Codes schon angedeutet.

Der Grund für die Kraft und Effizienz von Symbolen ist, dass Menschen sich schon seit sehr langer Zeit nicht nur über Geschichten, sondern auch über Symbole austauschen. Die Höhlenmalereien etwa sind bis zu 35.000 Jahre alt, das heißt unsere Vorfahren hielten Geschehnisse in Form von Symbolen fest, um sie den Stammesmitgliedern zugänglich zu machen. Sogar spirituelle Erfahrungen wurden in den Höhlenmalereien über Symbole ausgetauscht. Genau wie Geschichten sind Symbole eine uralte Art, Bedeutung zu übertragen.

Welche Bedeutung überträgt das Symbol des Dreimasters in der **Beck's-Werbung**? Eher nicht „Tradition" wie die Kochschürze im **Maggi-Kochstudio** sondern „Expedition" und „Abenteuer". Diese Bedeutung zu entschlüsseln fällt uns leicht, so leicht, dass wir den zugrunde liegenden aktiven Vorgang im Gehirn nicht bemerken. Wir sehen den Dreimaster – im Kontext der **Beck's-Werbung** – und das Gehirn versteht „Abenteuer". Diese Bedeutung wird dem Dreimaster vom Autopiloten automatisch angeheftet und bleibt damit implizit.

Aber nicht nur Dingliches kann Symbolkraft haben, sondern auch die in der Kommunikation abgebildeten Menschen. Schauen wir uns ein Beispiel an.

Abbildung 4.3: Anzeige der Marke Guhl für Biershampoo.

Der Protagonist in dieser Anzeige erinnert an einen Indianer, obwohl er offensichtlich keiner ist. Indianer sind ein Volk, das die Natur sehr respektiert. Die Anspielung auf die Indianer verweist also implizit auf die Natürlichkeit des Produktes. Zudem ist der Protagonist sehr männlich, trotz seiner langen, gefärbten Haare. Die implizite Botschaft: Eitelkeit in Bezug auf die Haare ist mit Männlichkeit vereinbar. Dass das Produkt ein Biershampoo ist, verwundert vor diesem Hintergrund nicht.

> *Symbole transportieren implizite, kulturell gelernte Bedeutungen besonders effizient. Symbole können unmittelbar Verhaltensprogramme im Autopiloten aktivieren.*

Ein Markenlogo kann so stark mit Bedeutung aufgeladen werden, dass es selber zum Symbol wird, dies zeigt das Beispiel der Marke **Nike**. Wir sehen das **„swoosh"-Symbol** und erkennen die Marke, sogar wenn das Symbol durch eine springende Person dargestellt ist. Die Bedeutung bleibt auch so erhalten.

Abbildung 4.4: Anzeige der Marke Nike. Das Markenlogo wird auch mit Hilfe der Protagonistin – durch ihre Körperhaltung – in Szene gesetzt.

Wofür steht das **„swoosh"-Symbol**, was bedeutet es? Durch die Markenkommunikation wurde das Symbol mit der Bedeutung „Marke der Sieger" aufgeladen. Diese Bedeutung ist schon im Markennamen enthalten, ist doch **Nike** die griechische Göttin des Sieges.

Symbole haben für die Kommunikation zwei wesentliche Vorteile. Erstens kommunizieren sie Botschaften besonders schnell. Zweitens reagieren Menschen automatisch auf Symbole. Wechselt die Ampel auf Rot, halten wir an, bei Grün fahren wir los. Diese Vorgänge erfordern keine Aufmerksamkeit, sie verlaufen vollständig im Autopiloten. Das „Mann"-Symbol in öffentlichen Toiletten führt bei der einen Hälfte der Bevölkerung zu einer Reaktion, das „Frau"-Symbol bei der anderen. Sehen wir ein Hakenkreuz, empfinden wir Abscheu. Egal ob die Reaktion auf ein Symbol extern (Halten, Weiterfahren) oder intern (Abscheu) ist, wir haben diese Reaktionen gelernt.

Das Verinnerlichen eines Symbols bedeutet, es mit anderen Dingen zu verbinden, zum Beispiel das grüne Licht mit dem Drücken des Gaspedals. Über die Zeit hinweg, wenn der Lernvorgang abgeschlossen ist, beeinflusst das Symbol unser Verhalten automatisch. Es ist kein Nachdenken mehr erforderlich. Symbole kommunizieren also direkt mit dem Autopiloten, der Pilot ist nicht mehr erforderlich, sobald die Bedeutung des Symbols gelernt ist. Die Kommunikation mit Symbolen ist implizit und nicht zuletzt dadurch so effizient. Wie das Beispiel der Verkehrsampel, aber auch der Rabattschilder zeigt, lösen Symbole auch direkt Verhalten aus.

Welche Symbole stehen in der Markenkommunikation zur Verfügung? Das sind zum Beispiel: das Markenlogo, menschliche Protagonisten, Tiere, Hände, Berge, der Dreimaster von **Beck's**, die Kochschürze im **Maggi-Kochstudio**, die weiße Kapsel bei **Pantene**, die Stiere bei **Red Bull** und vieles mehr.

Auch das Sensuale überträgt Bedeutung

Das eingangs zu diesem Kapitel erwähnte Beispiel des **Dove-Fernsehspots** mit der Hintergrundbeleuchtung, die einen Eindruck von Sonnenlicht im Raum erweckt, und dem Vorhang, der sich in kühlender Luft bewegt, hat schon gezeigt, dass das Sensuale ebenfalls Bedeutung überträgt.

Das wohl bekannteste Beispiel für einen sensualen Code ist die Farbe **Magenta** der **Deutschen Telekom**, die inzwischen 86 Prozent der Deutschen der Marke richtig zuordnen.

Abbildung 4.5: Die Anzeige wird allein aufgrund der Farbe sofort der Deutschen Telekom zugeordnet.

Wir haben schon gesehen, dass die fünf Sinne in jeder Sekunde 11 Millionen Bits ins Gehirn reichen. Diese massive Stimulation der Sinne übermittelt neben den verschiedenen Inhalten (Geschichten, Symbole, Sprache) auch Dinge wie die Atmosphäre einer Werbeanzeige, die Bildsprache oder die Tonalität, in der Bedeutung kommuniziert wird. Eine weich gezeichnete Bildsprache transportiert eine ganz andere Bedeutung als eine sehr kontrastreiche.

Wir alle kennen das angenehme Gefühl, wenn die Frühlingssonne ins Zimmer scheint. Das Sonnenlicht erfüllt einen Raum mit Wärme, es „verzaubert" einen vorher vielleicht düsteren Raum, es verändert seine Atmosphäre. Diese Wirkung von Licht erfolgt natürlich in unserem Gehirn: Sie ist das Ergebnis der inneren Reaktion auf das Sonnenlicht, das unsere Augen stimuliert. Diese Wirkung ist ähnlich wie bei den Symbolen direkt verfügbar, wir sehen den beleuchteten Raum und empfinden einfach die Wärme. Über die fünf Sinne kommen also weitere Bedeutungen ins Gehirn – sie sind neben der Sprache, den Geschichten und den Symbolen der vierte Zugang zum Kundenhirn.

Neben den visuellen Codes sind die eingesetzten Geräusche Träger von Bedeutung. Zum Beispiel ist das Geräusch einer **Harley Davidson** inhärenter Teil dieser Marke. Geräusche wie das Beißen in einen Butterkeks, das Rauschen des Meeres, das Zwitschern von Vögeln im Frühling, oder die Hintergrundbeleuchtung in einem Fernsehspot – all diese Dinge verändern und beeinflussen die wahrgenommene Atmosphäre, das Wahrnehmungsklima. Und vor allem übertragen diese sensualen Codes eine Bedeutung.

Auch die Produktform können wir aktiv nutzen, um Bedeutungen implizit zu kommunizieren. Das zeigt zum Beispiel die Einführung der neuen Verpackungen von **Mövenpick-Eis**. **Mövenpick** hat die Ein-Liter-Eis-Verpackungen wie folgt umgestellt: Sie ersetzten die vormals rechteckige Produktform durch eine geschwungene, wellenartige Form. Dadurch konnte das Unternehmen den Inhalt in der Verpackung reduzieren, ohne dass es zu Einbußen im Absatz kam. Die geschwungene Form verschleiert den objektiv reduzierten Inhalt nicht nur, sondern sie bietet auch ein anderes haptisches Erlebnis und kommuniziert implizit Bedeutungen wie „Frische durch Wellen". Weitere Beispiele, wie der Autopilot aus sensualen Codes Bedeutungen ableitet, sind:

- Art des Verpackungspapiers – Frische des Brotes,

- Farbe – Streichfähigkeit von Margarine,

- Farbe der Innenlackierung – Kühlleistung des Kühlschranks,

- Stärke der Schaumbildung – Reinigungskraft des Spülmittels,

- Sattes Geräusch beim Zuschlagen der Wagentür – solide Karosserie.

Welche sensualen Codes stehen in der Markenkommunikation als Bedeutungsträger insgesamt zur Verfügung? Das sind unter anderem: Farben, Lichtverhältnisse, Geräusche, Tonalität, Geruch, Temperaturen, Typografie, Formen, Bildsprache und vieles mehr, was unmittelbar und direkt unsere Sinne stimuliert.

Das Muster der sensorischen Codes transportiert Bedeutung

Unter dem Schlagwort „multisensuales Marketing" sind unsere fünf Sinne in letzter Zeit in Mode gekommen. Es gilt – so die Anhänger dieses Trends –, nicht nur die Augen und die Ohren, sondern alle Sinne anzusprechen. Das ist sicherlich sehr sinnvoll, aber wir sollten einen wichtigen Punkt nicht vergessen: Es geht nicht einfach nur darum, die Sinne zu stimulieren, sondern wir müssen uns fragen, welche Bedeutung wir damit kommunizieren. Bei einem Messeauftritt geht es beispielsweise nicht darum, möglichst viele Sinne, sondern die richtigen und für die Marke inhaltlich passenden Sinne anzusprechen. Eine ruhige Marke muss sensual anders kodiert werden als eine **Sony-PlayStation**. Denn das Gehirn interessiert sich in erster Linie für die Bedeutung von Codes, auch von sensualen. In einem berühmten Experiment ließ der bekannte Deutsche Psychologe **Wolfgang Köhler** schon 1933 seine Probanden Worte wie „Maluba" und „Tackete" bestimmten Formen zuordnen. Dabei zeigte sich immer derselbe Effekt: „Maluba" wurde eher runden Formen zugeordnet, während Takete eher der eckigen Form zugeordnet wurde.

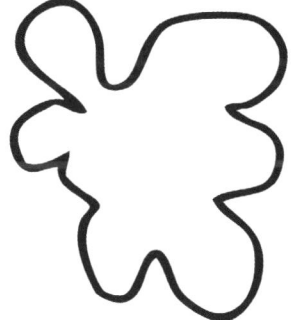 

Abbildung 4.6: Das Wort „Takete" wird von den meisten der spitzen und das Wort „Maluba" der runden Figur zugeordnet.

Offenbar sind „t", „k" und „e" ähnlich „spitz" und „schneidend" wie die rechte Figur, während „l", „m" und „u" eher zu den weichen, bauchigen Formen links passen. Das zeigt die Fähigkeit des Gehirns zur Abstraktion von Eigenschaften wie Gezacktheit und Rundheit über die verschiedenen Sinneskanäle hinweg.

Wie das Gehirn aus Sinnesdaten Bedeutungen abstrahiert

Führt man das Takete-Experiment mit Patienten mit einer Schädigung in einem Hirnareal mit dem Namen Gyrus angularis durch, zeigt sich: Sie sind zu dieser Zuordnung nicht mehr fähig. Auch sind sie nicht in der Lage, Metaphern, also abstraktere Bedeutungszusammenhänge zu verstehen. Im Gyrus angularis laufen alle Sinnesdaten zusammen und er „sucht" nach dem gemeinsamen Nenner, also dem Muster, das sich über alle Sinnesdaten hinweg und unabhängig von der Kodierung des einzelnen Sinnes zeigt. Der Gyrus angularis sitzt an einem strategisch wichtigen Ort, nämlich dort, wo Parietallappen (Tastsinn, Körperwahrnehmung), Temporallappen (Hören) und Okzipitallappen (Sehen) zusammenstoßen. Diese strategische Lage ermöglicht es dieser Hirnstruktur, aus der Konvergenz der verschiedenen Sinnesmodalitäten abstrakte Muster und deren Bedeutung zu erkennen. Logisch betrachtet haben die gezackte Form und der Laut „Takete" nichts miteinander gemein. Doch das Gehirn erkennt darin ein Muster – die Eigenschaft der Gezacktheit. Als Muster sind die Sinnesreize also bedeutsam, sie übermitteln die Bedeutung „Gezacktheit". Auch auf der Ebene der Sinne ist unser Gehirn darauf ausgelegt, die Bedeutung von Mustern zu erkennen.

Übung: *Überlegen Sie, welche Bedeutung die sensualen Codes in Ihren Markenkontaktpunkten übertragen. Welche Bedeutung steckt beispielsweise in der Warteschleifemusik, in der Lichtstimmung der Filiale, in
den Unternehmensfarben oder der Form der Produktverpackung?*

Das Zusammenspiel der sensualen Codes erhöht die Wirkung

Je stimmiger die Bedeutung des multisensualen Musters, desto stärker die
Wirkung im Gehirn. Wenn ein sensualer Code eine bestimmte Bedeutung
nahe legt, reicht das für den Autopiloten meistens noch nicht aus. Erst wenn
auch über die anderen Sinne die gleiche Bedeutung transportiert wird, ent-
steht ein Muster, das stark genug ist, Wirkung zu erzeugen. Wenn also unser Vorfahre gleichzeitig ein Rascheln im Gebüsch und aufgeschreckte Vö-
gel registrierte, musste er sofort die Bedeutung dieser Muster erkennen:
Diese Dinge gehören zusammen und bedeuten „Säbelzahntiger" und damit
Gefahr. Das ist mit ein Grund, warum das Gehirn auf die von mehreren
Sinnen gleichzeitig übertragene Bedeutung besonders stark reagiert. Die
Hirnforscher nennen das „Multisensory Enhancement" (multisensuale
Verstärkung) und meinen die Tatsache, dass Nervenzellen im Gehirn bis zu
zehnmal stärker feuern, wenn sie über mehrere Sinne angesprochen wer-
den. Eins und eins ergibt dann nicht mehr zwei, sondern zehn. Die Bot-
schaft erzielt also eine deutlich höhere Wirkung im Gehirn.

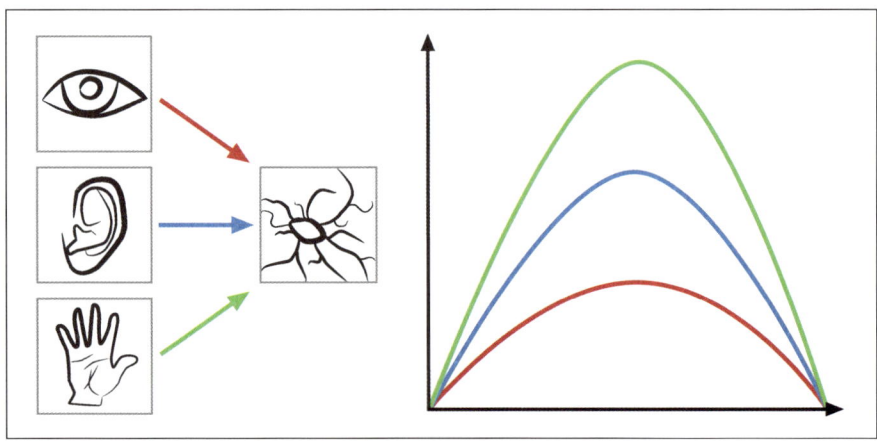

Abbildung 4.7: Multisensuale Verstärkung. Die gleichzeitige Übertragung derselben Bedeutung über alle Sinne bewirkt eine signifikante Verstärkung der neuronalen Aktivierung.

Will man diesen Mechanismus erfolgreich nutzen, muss man sicherstellen, dass alle sensorischen Codes dieselbe Bedeutung in sich tragen und somit das gleiche Bedeutungsmuster transportieren, von den sensualen Codes in der Werbung über die Haptik der Shampooflasche bis hin zur Größe der Öffnung. Das ist der Grund, warum zum Beispiel **Singapore-Airlines** in ihren Flugzeugen Erfrischungstücher mit dem **Singapore-Airlines-Duft** anbieten, der auch im Parfum der Stewardessen integriert ist und zu den anderen sensualen Codes, wie beispielsweise der Farbwelt der Marke, passt.

> *Die sensorische Kodierung der Marke muss über alle Sinne die gleiche Bedeutung transportieren. Erst dann entsteht die maximale Wirkung.*

Die Bedeutung von Codes entsteht im Gehirn

Wie genau die eben beschriebenen vier Codes zur Steuerung von Marken und Markenkommunikation genutzt werden können, werden wir noch detailliert besprechen. Zunächst müssen wir klären, wie Bedeutung im Gehirn entsteht, denn die vier Zugänge zum Kundenhirn sind nur die Träger von Bedeutung, sie selbst entsteht jedoch erst im Kopf des Empfängers.

Wir Menschen sind deshalb auch die einzigen Lebewesen, die ein und demselben sensorischen Reiz unterschiedliche Bedeutungen zuweisen können. Chili-Pfeffer wird von Menschen, die daran nicht gewöhnt sind, als unangenehm bis unerträglich empfunden, aber für über eine Milliarde Menschen stellt er einen Genuss dar, auf den sie nicht verzichten wollen. Kinder mögen nicht den Geschmack von Kaffee, Bier oder Wein, aber für Erwachsene des westlichen Kulturkreises gehören sie zu den bevorzugten Genussmitteln. Die Zungen sind aber die gleichen! Bei Tieren gibt es ein solches Geschmacksumlernen nicht, es ist also spezifisch menschlich. Der Stoff an sich und die Reaktionen, die er an den Sinneszellen auslöst, bleiben gleich. Auf dem Weg von den Sinneszellen zum Gehirn wird dem Reiz jedoch in unterschiedlichen Kulturen eine andere Bedeutung zugewiesen. Sie kommt im Gehirn dazu. Wie aber entsteht diese Bedeutung?

Schauen wir uns das am Beispiel „Morsen" an. Beim Morsen sind die Bedeutungsträger Punkte und Striche. Die Punkte und Striche haben selbst keine Bedeutung. Sie entsteht erst beim Empfänger, der den Morsecode entschlüsseln kann. Wenn wir die Regeln zur Entschlüsselung nicht kennen, bleiben es einfach Punkte und Striche, ohne jede Bedeutung. Der Morsecode löst also nur etwas beim Empfänger aus, wenn dieser die Bedeutung, die in den Punkten und Strichen verschlüsselt ist, decodieren kann.

Dasselbe Prinzip gilt für die vier Zugänge ins Kundengehirn. Sie sind nur die Träger der Bedeutung, die erst beim Empfänger entsteht. Kann er die Bedeutung nicht entschlüsseln, bleibt die Kommunikation wirkungslos. Versteht er jedoch ihre Bedeutung, funktioniert sie wie der Morsecode: Sie übermittelt eine verschlüsselte Botschaft. Die Sprache, die Geschichte, die Symbole und die Sinne aktivieren in diesem Fall eine explizite oder eine implizite Bedeutung. Sie werden also zu Codes, die beim Empfänger etwas auslösen, indem sie eine Bedeutung aktivieren. Die Kochschürze von **Maggi** ist ein symbolischer Code, dessen Bedeutung wir mühelos als „Tradition" entschlüsseln.

Während wir beim Morsen also nur Punkte und Striche als Codes zur Verfügung haben, um Bedeutungen zu kommunizieren, stehen uns bei der Markenkommunikation vier Codes zur Verfügung. Damit diese vier Codes beim Empfänger etwas aktivieren, muss er ihre Bedeutung entschlüsseln können. Damit kommen wir zur Frage, wie wir die Bedeutung von Codes lernen, wie Codes mit Bedeutung aufgeladen werden.

Die Bedeutung von Codes hängt von der Zielgruppe ab

Die Bedeutung aller Codes wird kulturell gelernt. Nehmen wir zum Beispiel das Alphabet. Unser „A" (hebräisch aleph = Rind) hat sich aus dem Bild eines Rinderkopfes entwickelt. Das „B" (bet = Haus) aus dem Bild eines Hausgrundrisses. Das „M" (mem = Wasser) ist aus der als Kräuselung angedeuteten Welle entstanden. Das „R" (resch = Kopf) ist eine Abstraktion des menschlichen Kopfes. Auch Buchstaben sind Codes, deren Bedeutung sich über die Jahrtausende gewandelt und verselbständigt hat. Einmal gelernt, geschehen die Symboldeutungen im Unbewussten. Wir realisieren den Vorgang der Bedeutungszuweisung nicht mehr. Das erledigt das Gehirn, ohne dass wir es bemerken.

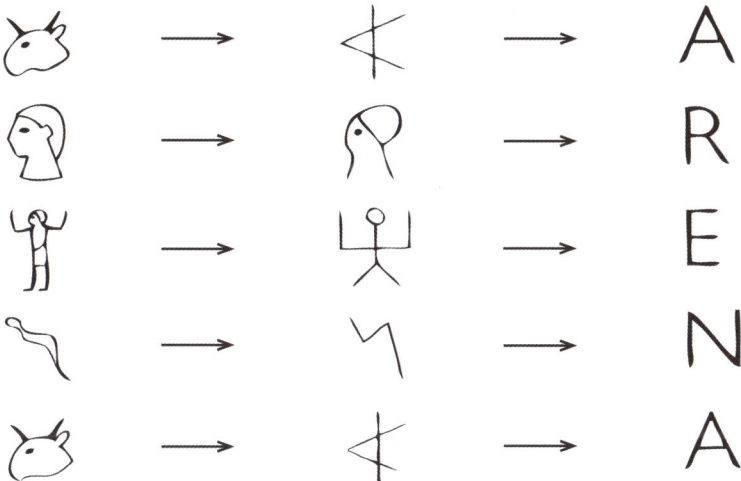

Abbildung 4.8: Wie das Alphabet entstanden ist.

Das Beispiel der Bedeutungsentstehung der Buchstaben in unserem Alphabet zeigt: Die Herkunft vieler Symbole und ihrer Bedeutung liegt in tiefen Schichten unserer Kultur und unserer Herkunft vergraben.

Codes sind wie Erwachsene. Um sie wirklich zu verstehen, müssen wir ihre Vergangenheit anschauen, ihre Kindheit und wie sie zu dem geworden sind, was sie heute sind. Das ist wichtig, weil wir sonst den Fehler machen, die Bedeutung im Code selbst zu sehen. Die Buchstaben des Alphabets etwa sind aber bedeutungslos. Der Code erlangt seine Bedeutung erst durch einen mentalen Vorgang. Das zu vergessen kann zu Wirkungsverlusten in der Werbekommunikation führen, wenn wir beispielsweise Symbole nutzen, welche die Zielgruppe nicht oder falsch versteht, weil sie die falsche Bedeutung an das Symbol heftet, es anders dekodiert als beabsichtigt. Welche Bedeutung eines Codes also dekodiert wird, hängt von der Zielgruppe und der Kultur bzw. Subkultur ab, in der sie sich bewegt.

> *Die Bedeutung der Codes entsteht durch kulturelles Lernen. Die Kulturwissenschaften sind notwendig, um die wahre Bedeutung von Codes zu entschlüsseln.*

Die Kultur hat also einen großen Einfluss darauf, wie Kunden Codes entschlüsseln, welche Bedeutung wir einem Symbol oder einer Geschichte zuschreiben. Am offensichtlichsten ist der kulturelle Kontext bei der Sprache. Chinesische Schriftzeichen können die meisten von uns nicht entschlüsseln, weil wir ihre Bedeutung nicht gelernt haben. Aber der Einfluss der Kultur geht weit über die sprachlichen Codes hinaus. Eine lila Kuh etwa hat in Indien offensichtlich eine völlig andere Bedeutung als in Deutschland.

Die Bedeutung von Codes kann aber auch über alle Kulturen hinweg nahezu identisch sein. So steht der Tiger fast überall für Eigenschaften wie „Kraft" oder „Energie". Das Symbol des **ESSO-Tigers** wurde deshalb ohne große Erklärungen in fast allen Ländern der Welt verstanden. Genau das ist ein weiterer Vorteil von nichtsprachlichen Symbolen: Viele funktionieren auch in anderen Ländern, manche sogar weltweit.

Abbildung 4.9: Ein Beispiel für ein interkulturell wirksames Symbol: der ESSO-Tiger.

Dass es Unterschiede zwischen Indien und Deutschland gibt, ist nicht verwunderlich. Aber mit Kultur meinen wir auch die subtilen Unterschiede, die es in den verschieden Subkulturen auch in Deutschland selbst gibt, vom Rocker über den Manager bis hin zur Hausfrau. Diese Subgruppen teilen zwar viele der Bedeutungen, haben aber trotzdem ganz spezifische Codes, deren Bedeutung sich nur dieser Gruppe erschließt. Was bedeutet das für die Markenkommunikation? Erfolgreiches implizites Marketing ist nur dann möglich, wenn wir die Codes und ihre implizite Bedeutung in der Zielgruppe kennen und verstehen. So steht die Kochschürze zwar sowohl für den Jugendlichen als auch für die Hausfrau für Tradition, die Relevanz ist aber ganz unterschiedlich. Halten wir also fest: Die Bedeutung eines Codes wird kulturell gelernt.

> *Die Bedeutung der Codes ist von der Subkultur, also der Zielgruppe, abhängig. Erfolgreiche Markenkommunikation muss deshalb die für die Zielgruppe richtigen Codes einsetzen.*

Die Bedeutung von Codes wird vom Autopiloten gelernt

Wie also lernen die Kunden die Bedeutung der Codes? Die Bedeutung der sprachlichen Codes bringt uns zunächst die Familie und dann die Schule bei. Aber schon in den ersten Lebensjahren lernen wir sehr viel mehr als nur die Sprache. So beobachten wir als Kleinkinder, dass unsere Mutter beim Anblick eines schwarzen Tieres mit dünnen Beinen laut aufschreit und vielleicht sogar nach Papa ruft. Die wiederholte Beobachtung dieser Situation führt – unter aktiver Mithilfe der Spiegelneuronen – dazu, dass viele von uns Spinnen mit einer negativen Bedeutung, mit Angst oder Gefahr verknüpfen. Über unzählige Filme im Fernsehen und andere Erfahrungen (Museumsbesuche, Urlaube, Ausstellungen usw.) lernen wir, dass ein Dreimaster für Abenteuer steht, für das Aufbrechen in fremde Gewässer und Gefilde, und eine Yacht für Luxus und Status.

> *Markenkommunikation hat die Aufgabe, Produkte und Marken mit kultureller und sozialer Bedeutung aufzuladen. Das ist eine der wichtigen Funktionen der vier Code-Arten.*

Dabei ist eines wichtig: Wir lernen all dies implizit – und ungewollt. Kleinkinder studieren keine langen Wortlisten und lernen trotzdem Sprechen. Es ist ein anderes Lernen als das in der Schule. Niemand geht in die Stadt, um die Bedeutung einer Gruppe von Punkern zu lernen. Unser Autopilot tut das. Und er tut das ununterbrochen. Während wir Auto fahren oder an der Kasse stehen, nimmt der Autopilot wie am Fließband Informationen auf, immer auf der Suche nach Bedeutung. Wir lernen die Bedeutung von Codes also implizit. Das gilt auch für Werbung: Wir sitzen nicht mit Bleistift und Zettel vor dem Fernseher, wenn die Werbespots laufen.

Trotzdem lernen wir die Bedeutung der Produkte und Marken, nur läuft das implizit ab. Noch einmal zur Erinnerung: Für die bewusste Auseinandersetzung mit unserer Umwelt haben wir pro Sekunde nur 40 Bits zur Verfügung, das sind acht Buchstaben. Wir würden ewig brauchen, wenn wir alle Bedeutungen die wir tatsächlich kennen, nur über den Piloten lernen müssten. Um die Macht des impliziten Lernens nochmals zu verdeutlichen, schauen wir uns eine weitere Studie an, durchgeführt an der Universität Bremen. Sie zeigt, dass implizites Lernen sogar unter Vollnarkose möglich ist. Liest man narkotisierten Patienten zum Beispiel das Wort „Getränk" vor, werden sie sich daran nicht mehr bewusst erinnern. Trotzdem hat ihr Gehirn das Wort registriert und gelernt, wie implizite Gedächtnistests nach der Narkose belegen (Dobrunz/Vetter, 2004, S. 624).

> *Die Bedeutung von Produkten, Marken aber auch von den Codes wird vor allem implizit, das heißt unbewusst und im Vorbeigehen, im Autopiloten gelernt. Die Bedeutung von starken Marken ist im Autopilot verankert.*

Die Aufgabe der Markenkommunikation ist es nun, die kulturell mit Bedeutung aufgeladenen Codes ganz gezielt zu nutzen, um die eigenen Produkte und Marken in der Zielgruppe mit Bedeutung aufzuladen. Wie man diese implizite Bedeutung der Markenkommunikation entschlüsselt und damit steuerbar macht, zeigen wir in Kapitel 8.

Die Bedeutung von Codes verändert sich

Weil die Bedeutung von Codes nicht in ihnen selbst steckt, sondern durch einen Lernvorgang erst entsteht, kann sich die Bedeutung von Codes verändern. Die Freiheitsstatue als Symbol für New York und damit als Code für „Lifestyle" oder „Vitalität" hat seit dem 11. September 2001 eine andere Bedeutung erhalten, New York ist als Symbol nahezu vollständig aus der Werbung verschwunden. Auch die Codes in der Markenkommunikation können solchen Veränderungen unterliegen. Missachtet man dies, kann die Marke nachhaltig Schaden nehmen. Betrachten wir ein aktuelles Beispiel: eine Anzeige von **DWS.**

Übung: Was assoziieren Sie mit dem Symbol in der Anzeige?

Abbildung 4.10: Anzeige des Fondsanbieters DWS aus dem Jahr 2006.

Nach den Naturkatastrophen in diesem Winter und Frühjahr sind Assoziationen wie „Strudel" oder „Hurrikane" plausibel. Ein solches Symbol in eine Anzeige zu integrieren stellt vor diesem Hintergrund also ein hohes Risiko dar.

Das Risiko ist vor den Tsunamis in Asien noch wesentlich geringer gewesen. Das zeigt, wie wichtig es ist, die implizite Bedeutung aller Codes zu kennen. Wenn wir die impliziten Bedeutungen nicht beachten, kann leicht Schaden entstehen. Denn die Zielgruppe bzw. ihr Autopilot reagiert auf diese impliziten Bedeutungen, ob wir das wollen oder nicht. Zudem wissen wir ja inzwischen, dass es gerade die impliziten Lernvorgänge sind, die nachhaltig wirken.

> *Ohne Kenntnisse über die Bedeutung der Codes in der Zielgruppe verfehlt die Markenkommunikation ihre Ziele.*

Starke Marken sind Codes (kulturelle Code)

Die Markenkommunikation hat die Funktion, über die Codes Marken und Produkte mit Bedeutung aufzuladen. Starke Marken zeichnet aus, dass sie mit der Zeit selbst zu einem kulturellen Code werden. Das kann aber nicht nur durch die Markenkommunikation erfolgen, sondern muss durch die Produktnutzung im sozialen Kontext der Zielgruppe ergänzt werden. Die Markenkommunikation kann Produkte und Marken mit Bedeutung zwar aufladen, zum kulturellen Code werden sie jedoch erst durch die Nutzer selbst. Der Grund liegt in der sozialen Natur des Menschen und seines Gehirns. Marken und Produkte haben immer auch einen sozialen Mehrwert. Wir haben schon gesehen, dass bei starken Marken deshalb im Hirnscanner auch die sozialen Netzwerke aufleuchten. Starke Marken sind dann Codes, wenn sie uns helfen, uns gegenüber anderen abzugrenzen und Zugehörigkeit zur „eigenen Herde" zu signalisieren. Das gilt für alle Zielgruppen und Subkulturen unabhängig von der Soziodemografie (Alter, Geschlecht usw.).

Das Beispiel **Red Bull** zeigt, wie sogar ein einfaches Produkt wie ein Energydrink zum Code wird. Der Grund für den Erfolg von **Red Bull** liegt nicht im Geschmack begründet, sondern in der sozialen Bedeutung der Marke. Ein Aspekt ist hier das Symbol des Stiers, das aber erst durch die Geschichte entsteht, die den Käufern der ersten Stunde erzählt wurde. Die Herde der Jugendlichen erzählte sich die Story vom Taurin – einem Stierhodenextrakt –, das in der österreichischen Version des Getränks vermeintlich in höheren Mengen enthalten war. Heerscharen von Jugendlichen haben daraufhin ganze Paletten aus Österreich nach Deutschland geschafft, um das „härtere" **Red Bull** zu konsumieren. Objektiv war der Tauringehalt aber der gleiche wie in Deutschland, er wurde nur in einer anderen Maßeinheit ausgewiesen.

Wie wurde nun **Red Bull** zu einem Code? Erst durch seine Nutzer. Die ersten Nutzer waren Trendsetter, der Nutzungskontext war Party und Rausch und die Kombination mit anderen Produkten – vor allem Alkohol – haben **Red Bull** erst mit der Bedeutung aufgeladen, die es heute hat. Es geht bei **Red Bull** also nicht nur um den Energydrink, sondern um die soziale Bedeutung, die mit dem Konsum des Drinks verbunden wird.

Durch diese soziale Bedeutung wird das Produkt selbst zum Code. Wir haben gesehen, wie wichtig die Zugehörigkeit zur Herde, zur Sippe oder zum Stamm war und heute noch ist. Beispiele für moderne Herden sind Punker, Rocker, aber auch Studenten einer bestimmten Fachrichtung. Wir wechseln zwischen den Herden und fühlen uns in verschiedenen Lebensbereichen ganz unterschiedlichen Gruppen zugehörig.

Codes spielen eine entscheidende Rolle, um die Zugehörigkeit zu einer bestimmten Herde zu markieren. Bei Punkern ist das zum Beispiel die Ratte auf den Schultern oder der gefärbte Hahnenkamm, bei Rockern das Motorrad und das passende Outfit. Diese Beispiele sind offensichtlich. Es gibt aber auch viel implizitere Codes, die anderen signalisieren, zu welcher Herde man gehört. Der strebsame Jurastudent hat seinen Koffer, die angehende Juristin ein Tuch mit Perlenohrringen, der Pädagoge trägt Sandalen und der Mathematiker hat seine Kugelschreiber in der Brusttasche. Das sind natürlich Vorurteile. Aber sie sind effizient!

Alle diese Codes signalisieren nicht nur Zugehörigkeit zum eigenen Stamm und die Abgrenzung gegenüber anderen, sie machen auch ein Statement über die Person selbst. Die Sozialpsychologen nennen das „symbolische Selbstergänzung". Diese Codes sollen nicht nur ein bestimmtes Bild anderen gegenüber vermitteln, sondern sie sollen auch das Bild stützen und ergänzen, das ich selbst von mir habe. Wir machen durch Codes ein Statement über uns selbst, grenzen uns ab und signalisieren gleichzeitig Zugehörigkeit. Und genau diese Funktionen übernehmen auch Produkte oder Marken. Einen **Jaguar** zu fahren ist ein Statement über meine Person. Gleichzeitig ist der **Jaguar** ein Code für eine Gruppenzugehörigkeit, beispielsweise der von erfolgreichen Männern mit exklusivem Geschmack.

Genauso ist das Tragen einer **Ray-Ban-Sonnenbrille**, von **Hugo-Boss-Schuhen** oder das Nutzen eines **Blackberry-Handys** ein Statement.

> *Wir lernen die Bedeutung von Produkten und Marken nicht nur über die Werbung, sondern auch implizit über Produkt- und Marken-Nutzer.*

Das Bild des stereotypen Käufers eines Produktes oder einer Marke ist ein mächtiger Code. Wir verbinden mit Marken eine bestimmte Herde, zu der wir gehören wollen oder eben nicht. **Apple** hat diesen Mechanismus bei der Einführung des **iPod** erfolgreich genutzt: Das Unternehmen stattete Prominente mit dem Gerät aus. Das reichte, um den **iPod** auch ohne eine große Kampagne mit Bedeutung aufzuladen und mit Exklusivität zu verbinden. Dies ist zu berücksichtigen, wenn über Preisnachlässe der Umsatz angekurbelt werden soll. Denn unter Umständen verschaffe ich einer Käuferschicht Zugang zu meiner Marke oder meinen Produkten, mit der sich meine Kernzielgruppe nicht identifizieren möchte. Wer fährt heute einen **3er BMW** und wer tat das früher? Die Nutzer transportieren die Bedeutung eines Produktes sehr effizient. Je wichtiger die Produktkategorie für unser Selbstbild ist, desto bedeutender ist das Bild der Nutzer. Aus diesem Grund sind die Protagonisten und deren Inszenierung in den Werbemitteln so wichtig.

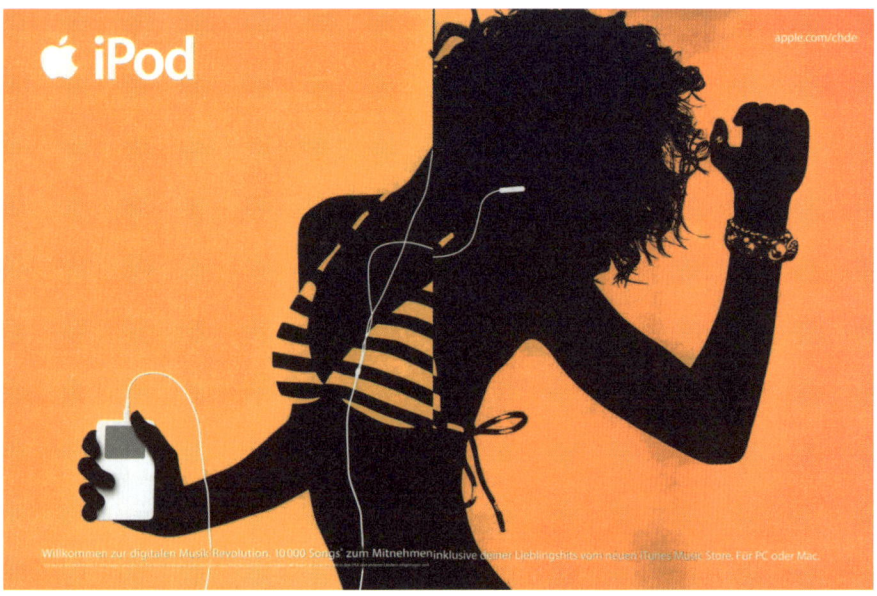

Abbildung 4.11: Anzeigen der iPod-Kampagne: Exklusivität und Individualität werden vor allem mit sensorischen und symbolischen Codes transportiert.

Die Exklusivität des **iPod** wird auch heute noch in der Kommunikation transportiert. Auffallend ist: Alle Protagonisten schauen nicht den Betrachter an, sondern wenden sich sogar von ihm ab. Diese Inszenierung der Protagonisten unterstreicht die Individualität und Abgrenzungsfunktion des

iPod. Wie wäre es nun, wenn der **iPod** plötzlich sehr günstig wäre und jeder ihn sich leisten könnte? Die Abgrenzungsfunktion wäre nicht mehr glaubwürdig.

Eine wichtige Aufgabe der Markenkommunikation ist es also, Produkte und Marken über implizite Codes mit Bedeutung aufzuladen, damit sie zur Selbstergänzung, zur Abgrenzung oder zur Zugehörigkeit zu einer Herde genutzt werden können. Diese Beispiele zeigen, wie vor allem die impliziten Codes Produkte und Marken mit Bedeutung aufladen und wie durch die Nutzung im sozialen Kontext diese Produkte selbst zum Code und damit zu wirklich starken Marken werden.

> *Die Nutzer der Marke laden die Marke auch mit Bedeutung auf, genauso wie die Codes in der Markenkommunikation. Auch dies gilt es zu steuern! Die Gefahr von Rabatten etwa ist es, nicht zur bisherigen Zielgruppe passende Kunden als Nutzer und damit Bedeutungsträger zu „gewinnen".*

Ohne Bedeutung keine Nutzung

Wenn ein Produkt aber keine Bedeutung hat oder seine Bedeutung noch nicht gelernt wurde, wird es nicht gekauft. Was heißt das jetzt wieder? Eine Suppe ist doch zum Essen da, wo ist das Problem? Schauen wir ein konkretes Beispiel an. Viele Mitarbeiter bei **Unilever**, einem der weltgrößten Hersteller von Verbrauchsgütern, äußerten um 16 Uhr den Wunsch nach einer Aufmunterung und Stärkung ihrer Produktivität, bevor der Arbeitstag zu Ende ging. Diese Anregung aufgreifend, erfand **Unilever** eine Suppe, die in der Mikrowelle zubereitet werden konnte, die nahrhaft, aber nicht zu sättigend war, am Arbeitsplatz gegessen werden konnte und auch eine kurze Pause während der Zubereitungszeit ermöglichte.

Die Suppe wurde unter dem Namen „**Soupy Snax**" eingeführt. Der Erfolg war aber nur mäßig, weil die Kunden die Bedeutung der Suppe nicht gelernt hatten! Sie wussten nicht, wann, für welchen Zweck, in welcher Situation, zu welcher Tageszeit, in welcher Stimmungslage das Produkt genutzt werden sollte. Sie hatten dies nicht gelernt und wussten deshalb sprichwörtlich nichts mit dem Produkt anzufangen. Die Produktmanager führten die Suppe trotz diesem ersten Misserfolg noch einmal neu auf dem Markt ein – dieses Mal aber mit einer klaren Werbebotschaft: Die Kampagne zeigte lethargische Arbeiter, die wieder munter wurden, nachdem sie das Produkt verzehrt hatten. Außerdem benannten sie die Marke um in „**Soupy Snax – 4 Uhr**". Die Reaktion der Kunden war: „Genau so geht es mir um 4 Uhr auch!" Das Produkt hatte immer noch den gleichen funktionalen Nutzen, immer noch die gleichen Eigenschaften, es war dieselbe Suppe wie zuvor, aber nun wurde sie in einen sozialen Kontext eingebettet – sie bekam Bedeutung und wurde dadurch vom Flop zum Hit, der sich gut verkaufte.

> Neue Produkte können nur erfolgreich sein, wenn ihre Bedeutung über Markenkommunikation gelernt wird. Ohne Markenkommunikation entsteht keine Bedeutung, und ohne Bedeutung gibt es keine Nutzung. Weil diese Dynamik nicht berücksichtigt wird, sind Prognosen über den Erfolg oder Misserfolg von Produkten oft so unzuverlässig.

Die Bedeutung eines Produkts ist die Grundvoraussetzung – weit bevor das Produkt zur starken Marke werden kann – für die Nutzung. Ohne diese Bedeutung wissen die Kunden nicht, was sie mit dem Produkt anfangen sollen. Im ersten Kapitel hatten wir gesagt, dass viele der Produkteinführungen in den ersten Monaten vom Markt genommen werden müssen, weil sie trotz vielfältiger Verbrauchertests nicht ausreichend gekauft werden. Ein wichtiger Grund für diese teuren Flops ist, dass die Tests die Tatsache vernachlässigen, dass Produkte mit Bedeutung aufgeladen werden müssen. Die Marktforschung müsste also die Markenkommunikation, den Vorgang des Bedeutungslernens und den sozialen Kontext von Produkten in ihre Analysen mit einbeziehen.

FAZIT:

1. Bei der Umsetzung der Markenkommunikation transportiert man immer viel mehr Bedeutung als man denkt. Es müssen also alle Einzelheiten beachtet werden, denn jedes Detail zählt.

2. Markenkommunikation hat die Aufgabe, Produkte und Marken mit Bedeutung aufzuladen. Ohne Bedeutung keine Nutzung. Die Hirnforschung zeigt, dass dafür vier Codes zur Verfügung stehen: Sprache, Geschichte, Symbole und Sinne.

3. Jeder der vier Codes überträgt eine explizite und vor allem eine implizite Bedeutung. Besonders in den impliziten Bedeutungen liegt die große Chance.

4. Die Bedeutung der vier Codes entsteht durch kulturelles Lernen. Dieses Lernen funktioniert implizit – über den Autopiloten – und ist zielgruppenspezifisch.

5. Die Bedeutung der Codes ist im ständigen Wandel und muss deshalb kontinuierlich überprüft werden. Sonst kann die Kommunikation Schaden anrichten.

6. Starke Marken werden nicht nur über die Kommunikation mit Bedeutung aufgeladen, sondern sie werden durch die Produktnutzung und die Einbettung in den sozialen Kontext selbst zum Code.

V.   Motive – Was Kunden antreibt

Bislang haben wir uns um die Codes und ihre Bedeutung gekümmert. Reagieren wir aber auf alles, was irgendeine Bedeutung hat? Nein, denn das wäre nicht effizient. Nicht jede Bedeutung führt zu Verhalten. Sieht der Punker die Kochschürze von **Maggi,** so versteht er zwar ihre Bedeutung, dies veranlasst ihn aber nicht zum Kauf sondern zum Nichtkauf der Marke. Die Bedeutung alleine reicht also nicht aus. Erst wenn diese Bedeutung auf für den Kunden relevante Motive und Bedürfnisse trifft, entsteht Verhalten. Motive geben also den Codes die nötige Energie, um Kaufverhalten auszulösen.

Motive kann man nicht erzeugen – sie sind schon da

Wie aber bringt die Markenkommunikation diese Motive in die Köpfe der Kunden? Die Antwort ist einfach: gar nicht! Denn die Motive sind bereits in den Kunden vorhanden. Der bekannte Hirnforscher **Manfred Spitzer** drückt das so aus:

> *„Die Frage danach, wie man Menschen motiviert, ist etwa so sinnvoll wie die Frage ‚Wie erzeugt man Hunger?‘ Die einzig vernünftige Antwort lautet ‚Gar nicht, er stellt sich von alleine ein‘".* (Spitzer, M., 2002, S. 192)

Markenkommunikation kann also keine magischen Motivationen wecken, keine Motive in die Köpfe der Kunden pflanzen, obwohl Gegner der Werbung das häufig kolportieren. Werbung weckt aber keine neuen Bedürfnisse. Stattdessen muss die Markenkommunikation die Produkte und Marken an die schon bestehenden Motive anknüpfen. Das Gehirn trägt die Motive in sich, sie können nicht von außen hinein gebracht werden. Gelingt die Anknüpfung an die Motive nicht, scheitert das Produkt, die Kommunikation oder beides. Denn ohne Motive gibt es kein Verhalten. Die Anknüpfung an die Motive ist Aufgabe der in der Markenkommunikation verwendeten Codes. Codes haben also nicht nur die Funktion, Bedeutung zu transportieren. Sie haben auch die Aufgabe, eine Brücke zu den relevanten Motiven zu schlagen. Sie sind die Verbindung zwischen dem Produkt und den Motiven.

> *Codes schlagen die Brücke zwischen Produkt und Motiv. Ohne den Anschluss an Motive bleibt der Kauf aus. Codes laden deshalb Produkte und Marken nicht nur mit Bedeutung auf, sondern sie sind für den Anschluss an die relevanten Motive verantwortlich.*

Die drei Grundmotive des Menschen

Aber welche Motive gibt es in den Köpfen der Kunden? Wir haben schon mehrfach den sozialen Charakter des Gehirns und des Menschen insgesamt betont. Es ist deshalb kein Zufall, dass das differenzierteste und am weitesten entwickelte Modell der menschlichen Motive „Zürcher Modell der *sozialen* Motivation" heißt. Das Modell wurde vom anerkannten Deutschen Psychologen **Norbert Bischof** entwickelt. Es integriert Erkenntnisse der Hirnforschung, der Verhaltensforschung, der Evolutionslehre, der Entwicklungs- und der Motivationspsychologie.

Darin werden die drei zentralen, sozialen Motivsysteme des Menschen identifiziert:

1. **Sicherheitssystem**: das Streben nach Sicherheit und Geborgenheit, insbesondere bei vertrauten Menschen (Familie, Freunde). In dieses System gehört auch das Fürsorgemotiv, also die Motivation, anderen Menschen (vor allem den eigenen Verwandten) zu helfen, sie zu unterstützen.

2. **Erregungssystem**: das Streben nach Abwechslung und Neuem; unter anderem das Streben hin zu fremden Menschen, die Ablösung und Abnabelung von der Familie. Dieses Motivsystem hat letztlich die Funktion, meine Gene mit fremden Genen zusammenzubringen, also Inzest zu vermeiden. Ein weiterer Aspekt des Erregungssystems ist der Spieltrieb.

3. **Autonomiesystem**: das Streben nach Unabhängigkeit, nach Durchsetzung gegenüber anderen, nach Kontrolle und Macht. Dieses Motivsystem bündelt eine ganze Reihe von Einzelmotiven: das Streben nach Macht (Beherrschung von anderen), Leistung (sich selbst „beherrschen"), Geltung und Selbstwert. Das Gegenteil von Autonomie ist Fremdgesteuertsein, zum Beispiel wenn Menschen einem Guru hörig sind. Im Normalfall ist das Gefühl, die Dinge selbst zu bestimmen, fundamental wichtig für unsere psychische Gesundheit. Warum haben viele Menschen mehr Angst vor dem Fliegen als vor dem Autofahren, obwohl das Fliegen statistisch betrachtet viel sicherer ist? Weil wir im Flugzeug die Kontrolle an den Piloten abgeben, die Dinge im Unterschied zum Autofahren nicht mehr selbst steuern können. Das ist für viele ein beklemmendes Gefühl, das sie als Flugangst erleben.

Diese Motive werden schon in den ersten Lebensjahren angelegt. In den ersten Monaten ist für das Baby die Nähe zu den Eltern, die Geborgenheit und der Schutz vor Gefahr das Wichtigste (Sicherheitsmotiv). Es entsteht Vertrauen und Bindung. Etwas später, wenn das Kind krabbeln und vor allem wenn es laufen kann, beginnt es, die Umwelt auf eigenen Beinen zu erkunden. Es will Erfahrungen machen, probiert die verschiedensten Dinge aus. Es ist getrieben von Neugierde (Erregungsmotiv). Und dabei entfernt es sich immer mehr von der Mutter, den Eltern. Hier beginnt das Kind schon, seine Grenzen auszuloten und seine Unabhängigkeit von den Eltern zu vergrößern. Spätestens im Kindergarten werden dann Hackordnungen ausgekämpft, es geht um Macht und es geht darum, sich durchzusetzen (Autonomiemotiv).

Was in den ersten Lebensjahren in uns angelegt ist, wird uns das ganze Leben lang bestimmen. Es sind diese drei sozialen Motive: das Streben nach Sicherheit, Erregung und Autonomie. Wir alle haben diese Motive, wenn sie auch durch unterschiedliche Erfahrungen in jedem Menschen anders ausgeprägt sind.

Die wissenschaftlichen Grundlagen des „Zürcher Modells der sozialen Motivation"

*Das „Zürcher Modell der sozialen Motivation" ist das Lebenswerk des renommierten Deutschen Psychologen **Norbert Bischof,** für das er – gemeinsam mit seiner Frau **Doris Bischof-Köhler** – den Preis der Deutschen Gesellschaft für Psychologie zugesprochen erhielt. Die Ursprünge dieses umfassenden Modells gehen auf Forschungen **Bischofs** am Seewiesener Max-Planck-Institut (zusammen mit **Konrad Lorenz**) und dem California Institute of Technology zurück. „Zürcher" Modell heißt es deshalb, weil **Bischof** später Professor an der Universität Zürich wurde und dort sein Modell über zwanzig Jahre hinweg systematisch ausgebaut und mit Grundlagenforschung untermauert hat. **Bischofs** Modell umfasst Erkenntnisse der Hirnforschung, der Verhaltensforschung, der Psychologie und der Evolutionstheorie.*

Für das Neuromarketing ist dieses Modell wichtig, weil es die Grundlagen unseres Handelns offen legt und mit Fakten aus verschiedenen Wissenschaftsdisziplinen belegt. Erkenntnisse der Entwicklung des Menschen (Entwicklungspsychologie) fließen ebenso ein wie tief gehende Analysen des Verhaltens sozialer Tiere wie etwa den Primaten. Es ist deshalb auch nicht überraschend, dass sich die zentralen Aussagen des Zürcher Modells, dass es drei grundlegende Motivsysteme im Menschen gibt, mit denjenigen der modernen Hirnforschung decken. Speziell für die Markenkommunikation eig-

*net sich **Bischofs** Ansatz aber auch deshalb, weil er auch Erkenntnisse der Kulturwissenschaften integriert und sein Modell unter anderem auf schein-bar weit entfernte, aber für die Kommunikation relevante Bereiche wie etwa die Mythenforschung anwendet. So zeigt sich, dass die Grundlage vieler My-then – etwa des Heldenmythos, der auch in der **Marlboro-Werbung** zum Tragen kommt – in der Entwicklung des Menschen, speziell der menschlichen Motive und ihrer Konflikte verborgen ist. Damit spannt das Modell den Bo-gen von den neuronalen Grundlagen der Motive hin zu ihren psychologischen und kulturellen Auswirkungen. Genau das macht das Modell, neben seiner wissenschaftlichen Fundiertheit, für unsere Zwecke so interessant.*

Die drei Motivsysteme im Überblick

Auch der Hirnforscher **Jan Panksepp** ist – unabhängig von **Bischof** und mit völlig anderen wissenschaftlichen Verfahren – auf ganz ähnliche Systeme gestoßen ist. **Hans-Georg Häusel** hat das Wissen um diese fundamentalen Motivsysteme in seinen im Haufe Verlag erschienenen Büchern für die Marketingpraxis in Form der Limbic Map weiterentwickelt.

Motiv	Sicherheit (S)	Erregung (E)	Autonomie (A)
Strebt nach	Vertrautheit Anschluss Geborgenheit	Neuem Stimulation Veränderung	Macht Geltung Leistung
Weitere Aspekte	Fürsorge	Spieltrieb	Selbstwert
Beispiele	Familie	Abenteuerurlaub	Führungsposition
Typische Automarken	Volvo („Sicherheit aus Schwedenstahl")	BMW („Freude am Fahren")	Audi („Vorsprung durch Technik")
Begriff in der Hirn-forschung	Angstsystem Paniksystem	Suchsystem („Seeking")	Wutsystem („Rage")
Begriff bei Häusel	Balance	Stimulanz	Dominanz

Abbildung 5.1: Die drei Grundmotive im Überblick.

Motive geben den Rahmen vor

Die Motive versorgen Kunden nicht nur mit der notwendigen Energie, sie bilden einen wichtigen Ankerpunkt für die Wahrnehmung von Produkten und Marken. Das folgende Beispiel soll dies verdeutlichen.

Betrachten wir diese Abbildung, so erscheint der obere Mann größer als die anderen. In Wirklichkeit sind alle drei Männer jedoch gleich groß. Diese Täuschung entsteht durch die Linien, die den Bezugsrahmen für die Wahrnehmung bilden. Selbst das Wissen, dass die Männer gleich groß sind, ändert nichts daran, dass sie immer noch unterschiedlich groß wirken. Der Pilot hilft hier nicht weiter, weil der Autopilot am Werk ist. Den gleichen Effekt haben unsere Motive: Sie bilden unser Bezugssystem und verändern damit unsere Wahrnehmung. Wenn ich als junger Erwachsener Lust auf Abenteuer habe, dann erscheint **Beck's** einfach größer als **Bitburger**. Starke Marken verschieben die Wahrnehmung, indem sie an die Motive so anknüpfen, dass die Marke größer als andere erscheint.

Abbildung 5.2: Motive wirken als Bezugsrahmen für die Wahrnehmung von Marken. Je nach aktiviertem Motiv erscheint eine Marke „größer" oder „kleiner" als die anderen. Tatsächlich sind sowohl die Männer als auch die Marken gleich groß.

103

Motive und Emotionen im Gehirn

In diesem Buch sprechen wir viel von Motiven und weniger von Emotionen. Beide Aspekte sind jedoch sehr eng miteinander verwandt. Traditionell sprechen die Hirnforscher eher von Emotion und die Psychologen eher von Motivation, die beiden Begriffe nähern sich jedoch an. Denn sie sind zwei Seiten derselben Medaille. Nehmen wir ein einfaches Beispiel. Ein Grundmotiv im Menschen ist das Bedürfnis nach Nahrung. Wenn unser Blutzuckerspiegel sinkt, müssen wir essen. Es entsteht also Verhalten, zum Beispiel gehen wir an den Kühlschrank. Gleichzeitig erleben wir den gesunkenen Blutzuckerspiegel als Hungergefühl. Hinter Emotionen und Gefühlen stehen also Ziele, die erreicht werden wollen, zum Beispiel ein Joghurt zu essen, wenn wir hungrig sind. Diese Zielkomponente zeichnet jedoch die Motive aus. Umgekehrt sind die Motive mit Emotionen und Gefühlen verbunden, zum Beispiel das Hungergefühl. Allgemeiner formuliert: Motive sind die Triebfedern unseres Handelns. Ehrgeiz, Hunger, Neugier oder das Bedürfnis nach Geselligkeit sind solche Antriebe. Wir erleben Ungleichgewichte in den Motiven in Form von Emotionen, Stimmungen oder Gefühlen, die, je nach Färbung, unruhig machen oder zum Verharren einladen. Hinter der schon erwähnten Flugangst steht das Autonomiemotiv, also das Bedürfnis, die Dinge unter Kontrolle zu haben. Wir sehen, wie eng Emotionen und Motive ineinander greifen.

Motive steuern das Verhalten

Wie wirken sich die Motive nun bei den Kunden aus? Wie beeinflussen sie unsere Produkt- und Markenwahl? Die Motive bestimmen die Relevanz von Markenkommunikation. Deshalb müssen wir unsere Kunden von den Motiven her verstehen. Die Motive geben im Kern vor, wer die Kunden sind. Alle drei Motive sind grundsätzlich in jedem Menschen vorhanden, ihre Ausprägung ist aber von Person zu Person verschieden. Diese Ausprägungen bestimmen unsere Persönlichkeit. Einige Menschen sind besonders neugierig (etwa Künstler und Kreative), andere sind eher auf Durchsetzung aus (zum Beispiel Manager), für wieder andere bedeutet es Erfüllung, Menschen zu helfen (beispielsweise Sozialarbeiter). Wir unterscheiden uns grundlegend in Bezug auf die Sollwerte der Motive, also wieviel Sicherheit,

Erregung und Autonomie jeder von uns braucht, um zufrieden und glücklich zu sein. Diese Sollwerte sind über Zeit und Situationen hinweg stabil. Wir ändern unseren Charakter ja nicht stündlich.

Übung: Überlegen Sie einmal selbst, welches dieser drei Motivsysteme bei Ihnen im Vordergrund steht. Ist es eher das Streben nach Durchsetzung oder die Suche nach Neuem und Abwechslung? Oder vielmehr ein Mix aller drei Motive?

Die Ausprägungen unserer Sollwerte bestimmen, ob wir studieren, uns binden, Karriere machen oder die Familie in den Vordergrund rücken, und welche Marken und Produkte für uns relevant sind. Aber auch wenn uns ein Motiv sehr stark bestimmt, gilt das für jede Situation im Alltag? Nein, denn auch der Sozialarbeiter wird aggressiv, wenn er zu stark in seiner Autonomie eingeschränkt wird, zum Beispiel wenn sich jemand in der Warteschlange zu frech an ihm vorbeidrängelt. Je nach Situation sind die Motive mal mehr, mal weniger stark aktiviert. Wir sind nicht immer nur von einem Motiv bestimmt. Auch der Unternehmer ist nicht stets auf Durchsetzung und Leistung aus, beispielsweise abends im Kreise seiner Familie. Unsere Motive unterliegen also einer ständigen Dynamik.

> *Das Verhalten der Kunden wird von persönlichkeitsmarkierenden Motiven bestimmt, die über die Zeit stabil sind, als auch von situationsabhängigen Motivlagen und Stimmungen (Verfassungen). Diese beiden Aspekte – die kurzfristigen Verfassungen und die stabilen Einstellungen – gilt es im Marketing zu berücksichtigen.*

Jedes Motiv ist bei uns allen irgendwann am Tage oder in der Woche einmal aktiv, je nach Situation. Im Alltag bestimmt die Situation den Istwert der Motive. Ständig vergleicht der Autopilot den Sollwert mit dem Istzustand in der Situation, ein Ungleichgewicht fällt sofort auf. Das Motiv ist dann aktiviert und unser Autopilot ist nun darauf aus, nach Möglichkeiten Ausschau zu halten, dieses Ungleichgewicht wieder ins Lot zu bekommen. Das Ergebnis ist Verhalten, zum Beispiel Kaufverhalten. Marken und Produkte haben nur eine Funktion: Sie sollen ein Ungleichgewicht in den Motiven ausgleichen oder verhindern.

Konsum reguliert Motive

Ein Motiv funktioniert also wie ein Konto: Ist es im Minus, wird alles dafür getan, das Konto schnell wieder auszugleichen, etwa indem ein Produkt oder eine Marke gekauft oder genutzt wird. Nach einem harten Arbeitstag voller Autonomie greifen Kunden zum Handy und senden eine SMS nach Hause, obwohl sie ohnehin gleich da sind. Sie füllen ihr Geborgenheitskonto auf, das über den Tag hinweg ins Minus gekommen ist. Verhalten entsteht also nur, wenn mindestens ein Motiv aktiviert, das heißt im Ungleichgewicht ist. Diese situationsabhängige Motivlage heißt „Verfassung". Und diese Verfassung ist nicht über längere Zeit stabil, sondern kann sich stündlich ändern. Ein kalter Luftstrom ist angenehm, wenn uns zu heiß ist, aber unangenehm, wenn wir ohnehin schon frieren. Wie ein Reiz bewertet wird, hängt also nicht einfach von seinen objektiven Merkmalen ab, sondern von den Vorerfahrungen und Sollwerten sowie dem momentanen Zustand (Verfassung).

> *Produkte und Marken regulieren die Motive der Kunden. Das bestimmt die hohe Relevanz von Konsum und Markenkommunikation.*

Produkte und Marken kommen also an zwei Stellen ins Spiel: um die langfristigen Motive zu bedienen, und um aus dem Gleichgewicht geratene Motive wieder ins Lot zu bringen.

Wenn also die Hauptfunktion meiner Marke und Produkte darin liegt, Motive zu regulieren, liegt es nahe, auch meine Zielgruppe genau über diese Motive und Verfassung zu definieren.

Übung: Überlegen Sie, welche der Motive Ihre Kunden durch den Kauf Ihres Produktes oder Ihrer Dienstleistung bedienen. Ist es eher der Wunsch nach Autonomie – zum Beispiel Kontrolle oder Macht – oder das Streben nach Neuem und Abwechslung?

Warum es stabile Zielgruppen und Verfassungen gibt

Die Experten streiten, ob es überhaupt noch stabile Zielgruppen gibt. Einige sind der Auffassung, dass es keinen Sinn mehr macht, Zielgruppen zu definieren, weil der multioptionale Kunde je nach Tagesverfassung völlig frei entscheidet. Andere wiederum betonen, dass die Motive des Menschen sich ja nicht von Jahr zu Jahr ändern, sondern seit Jahrmillionen von der Evolution in unserem Gehirn angelegt worden sind. Deshalb sei das Reden von Verfassungen und vom multioptionalen Kunden Unfug und stabile Zielgruppen existierten sehr wohl. Wer hat Recht?

Die Analyse der Motivsysteme, ihrer Sollwerte und Dynamik zeigt: beide haben Recht! Die Sollwerte bestimmen die stabilen und langfristigen Charaktereigenschaften und ermöglichen deshalb die Definition von stabilen Zielgruppen. So gibt es Menschen, die eher nach Sicherheit streben und andere, die eher nach Autonomie – zum Beispiel Macht – streben. Aber wie wir gesehen haben unterliegen die Motive auch einer Dynamik. Diese täglichen Schwankungen erfolgen durch konkrete Situationen, in denen das eine oder andere Motiv ins Ungleichgewicht gerät. Produkte und Marken können dann helfen das Gleichgewicht wieder herzustellen.

Beobachtet man, was die Menschen in der U-Bahn tun, fällt auf, dass sehr viele telefonieren oder SMS schreiben. Natürlich ist das eine oder andere Telefonat wichtig, die meisten aber nicht. In dieser Situation ist das Sicherheitsmotiv (Geborgenheit) im Minus und das Handy und die SMS füllen das Geborgenheitskonto wieder auf. Handy und SMS sind Produkte, die uns mit anderen verbinden, und uns so soziale Geborgenheit geben. Es gibt also nicht das eine Motiv, das uns immer bestimmt. Jede Situation kann dazu führen, dass das eine oder das andere Motiv aus dem Gleichgewicht gerät. Wir versuchen dann auch über Konsum oder Produktnutzung, das Gleichgewicht wieder herzustellen.

Der entscheidende Punkt ist: einige Produkte bedienen mehr die kurzfristigen Ungleichgewichte, die Verfassungen der Kunden, andere dienen eher als Persönlichkeitsmarkierer, sind also von den stabilen Sollwerten der Motive her zu definieren. Ob ein Produkt eher als Persönlichkeitsmarkierer oder als kurzfristige Bedürfnisbefriedigung in einer bestimmen Verfassung dient, bestimmt alleine der Kunde! Schauen wir uns diesen wichtigen Punkt etwas genauer an, denn wie wir sehen werden, hat das auch Auswirkung auf die Frage, wie und vor allem wann wir Werbung schalten.

Trait-Produkte: die Persönlichkeitsmarkierer

Es gibt Produkte, die eher an die situationsübergreifenden Motive angeschlossen sind, an die Sollwerte. Der Kauf eines **Mercedes** geschieht nicht aus einer Laune heraus. Er zahlt langfristig auf das Autonomiekonto ein. Ein **Mercedes** markiert die Persönlichkeit (Englisch: Trait). Autos sind deshalb das klassische Beispiel für ein Trait-Produkt, ein Persönlichkeitsmarkierer. Bei Trait-Produkten geht es nicht in erster Linie darum, ins Minus geratene Motive auszugleichen, sondern das Minus durch die Markenwahl zu verhindern, den Sollwert stabil zu halten. Eine typische Kaufsituation kann dies verdeutlichen. Nehmen wir an, ein autonomieorientierter Käufer wählt beim Schuhkauf meist die Marke **BOSS**. Er tut dies aber nicht, weil er ständig im Minus ist, sondern weil der Kauf einer Marke, die das Motiv nicht bedient, zum Minus führen würde. Und genau das ist die Grundlage für nachhaltige Loyalität: Die Marke ist so mit dem Motiv gekoppelt, dass der Kauf einer anderen Marke das Konto ins Minus führen würde. Der Autopilot antizipiert dieses Minus und der Pilot sucht nach rationalen Argumenten wie Qualität oder Design. Am Ende landet der **BOSS-Schuh** in der Einkaufstüte. Die Markenkommunikation hat also die Aufgabe, eine Marke über die expliziten und impliziten Codes an ein oder mehrere Motive anzuschließen, so dass sie für die Zielgruppen langfristig relevant ist.

Wir haben schon gesagt, dass in erster Linie die Zielgruppe bestimmt, ob ein Produkt zum Persönlichkeitsmarkierer wird oder nur kurzfristige Verfassungen bedient. Prinzipiell können deshalb viele Produkte zu Persönlichkeitsmarkierern werden – egal ob Schuhe, Bank, Uhren oder Autos. Für die einen sind Autos Persönlichkeitsmarkierer, für andere nicht. Für die einen sind die Schuhe wichtige Codes für die Zugehörigkeit zu einer Herde (oder der Abgrenzung davon), für die anderen nicht. Der gut betuchte Millionär kauft schon einmal eine 6.000-Euro-Uhr, um ein kurzfristiges Motivungleichgewicht zu beheben, während dieselbe Uhr einem anderen als Statussymbol und Persönlichkeitsmarkierer dient, für das er jahrelang spart. Es kommt also auf die Relevanz der Produktkategorie und die damit verbundene Bedeutung bei den Kunden an.

Nehmen wir zum Beispiel Marken aus „Low Interest"-Produktkategorien wie **Ariel** oder **Landliebe**. Die mit diesen Produkten verbundene Bedeutung, eine liebevolle Mutter zu sein, ist für eine bestimmte Zielgruppe durchaus persönlichkeitsmarkierend. Wenn mein Produkt es also schafft, dass meine Kunden damit ein Statement über sich abgeben, habe ich das

Maximale erreicht. Die Kunden werden loyal sein, sich mit dem Produkt identifizieren und auch gegen Störungen resistenter sein. Das gelingt mir aber nur dann, wenn ich mein Produkt an die Sollwerte der Motive anknüpfen kann, die für Kunden im Kern ihre Persönlichkeit ausmachen und immer bedeutsam sind. Bei Schokoriegeln ist das sicherlich nicht oder nur schwer machbar, aber die Beispiele **Persil** oder auch **Red Bull** zeigen, dass die Grenze sehr weit zu ziehen ist und auf jeden Fall mehr als nur Autos und Häuser umfasst.

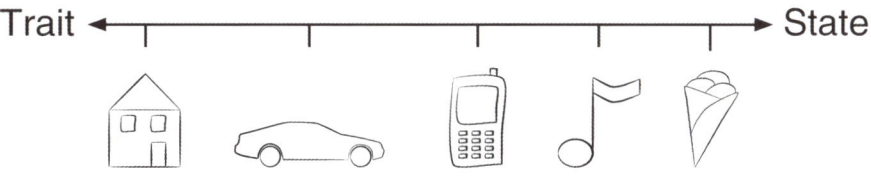

Abbildung 5.3: Es gibt Trait- und State-Produkte. Diese Einordnung muss immer für die Zielgruppe spezifisch vorgenommen werden.

> *Starke Marken werden unabhängig vom Produkt zu Persönlichkeitsmarkierern, indem sie an die langfristigen Motive in der Zielgruppe angeschlossen sind.*

State-Produkte: die Verfassungsbediener

Neben den Trait-Produkten gibt es Produkte, die eher stimmungsabhängige Bedürfnisse bedienen, deren Konsum deshalb vom Zustand der jeweiligen Person abhängt. Diese Produkte nennen wir deshalb „State"-Produkte (State = Zustand). State-Produkte dienen der kurzfristigen Regulierung von Ungleichgewichten in den Motiven. Nehmen wir einen Schokoriegel: Mit dem Riegel, den ich gerade esse, mache ich üblicherweise kein Statement über meine Persönlichkeit. Ich habe entweder gerade Lust auf eine Pause – dann nehme ich vielleicht ein **Kitkat** oder aber ich habe das Gefühl, mich durchbeißen zu müssen – dann nehme ich vielleicht lieber ein kantiges **Lion**. State-Produkte bedienen also unterschiedliche Verfassungen. Dabei kann ein und dieselbe Person an einem Tag alle diese Bedürfnisverfassungen haben. Zur Vermarktung eines State-Produkts müssen wir wissen, welche Verfassungen vorliegen und wie unser Produkt diese kurzfristige Motivschieflage beheben kann. Wir müssen also über explizite und implizite Codes zeigen, dass unser Produkt das Richtige für genau diese Verfassung ist. Wie das funktioniert, zeigt der nächste Abschnitt.

Übung: *Überlegen Sie, ob Ihr Produkt eher ein State-Produkt ist, das kurzfristige Ungleichgewichte ausgleicht oder eher ein Trait-Produkt, mit dem Ihre Kunden langfristig die Motiv-Sollwerte stabil halten und Statements über sich selbst machen.*

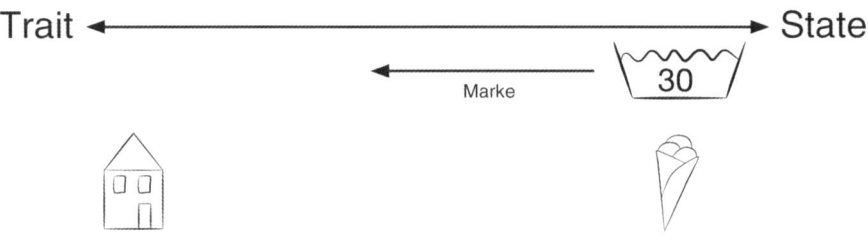

Abbildung 5.4: Marken laden Produkte mit Bedeutung auf und machen sie zu Persönlichkeitsmarkierern. So kann auch ein Waschmittel zum Persönlichkeitsmarkierer werden.

Coca-Cola zeigt, wie es geht

Schauen wir uns nun an, wie man durch die expliziten und impliziten Codes einer Kampagne an die Motive und ihre Dynamik anschließen kann. Die Marke **Coca-Cola**, so zeigen Analysen des Unternehmens, bedient im Kern vor allem das Motiv nach Sicherheit durch soziale Geborgenheit: Die entsprechende Bedeutung der Marke ist „Dazugehören", das Zusammensein mit Freunden. Genau diese soziale Bedeutung kommuniziert das Unternehmen in einer **Werbekampagne**.

Abbildung 5.5: Plakatmotive der Kampagne „Group Hug" von Coca-Cola.

Nicht nur dass diese Kampagne explizit (über das Wort „Group Hug") wie auch implizit über Farben und Symbolik an das Sicherheitsmotiv anschließt, die Kampagne wurde zudem an den Orten geschaltet, an denen genau dieses Motiv bei der Zielgruppe im Ungleichgewicht ist: in U-Bahnen und anderen öffentlichen Verkehrsmitteln.

Vergegenwärtigen wir uns die Situation. Viele Menschen auf engem Raum, kaum jemand spricht, Isolation statt Kommunikation. Das bringt das Geborgenheitsmotiv ins Ungleichgewicht. Das Motiv wird aktiviert und der Autopilot damit sensibilisiert. Genau dort setzen die Codes der Kampagne an. Die Farb-, Symbol- und Sprachcodes kommunizieren eine für das aktivierte Geborgenheitsmotiv hoch relevante Bedeutung. Der Autopilot, der ja gerade auf dieses Motiv sensibilisiert ist, richtet so den Scheinwerfer der Aufmerksamkeit auf das Plakat. Dadurch erfolgt eine maximale Kopplung von Motiv und Marke mit Hilfe der Codes. Hier wurde die Verfassung also nicht nur über die Gestaltung, sondern auch in der Schaltung der Werbung berücksichtigt. Die Codes treffen die Kunden in einem besonders sensiblen Moment und entfalten deshalb eine maximale Wirkung.

> *Markenkommunikation ist dann besonders wirksam, wenn sie auf aktivierte Motive trifft und damit für die Zielgruppe im Moment des Kontaktes relevant ist. Es gilt also den Zeitpunkt des Kontaktes hinsichtlich der Motivlage der Kunden genau zu analysieren und zu steuern.*

Wirksame Markenkommunikation schließt an Motive an

Coca-Cola nutzt in der Kampagne zwei wichtige Prinzipien. Erstens: In der Umsetzung in Codes wird das für die Zielgruppe relevante Motiv angesprochen. Zweitens: Der Kontakt mit der Werbebotschaft erfolgt zum Zeitpunkt eines starken Ungleichgewichts in diesem Motiv. Das erste Prinzip haben wir ja schon kennen gelernt, es ist eine der wichtigsten Aufgaben der Markenkommunikation überhaupt: Sie muss über Codes dafür sorgen, dass Marken und Produkte an die relevanten Motive angeschlossen werden, zum Beispiel bei **Coca-Cola** das Motiv, dazugehören zu wollen. Was hat es aber mit dem zweiten Prinzip auf sich? Der Grund, warum der Zeitpunkt der Schaltung zur Wirkung von Werbung so erheblich beiträgt, liegt in der Tatsache, dass die Motive nicht nur unser Verhalten, sondern auch unsere Wahrnehmung steuern.

Wir haben schon gesehen, dass unser Autopilot sensibilisiert wird, wenn ein Ungleichgewicht in einem Motiv vorherrscht. Wie funktioniert das genau? Nehmen wir das Beispiel Hunger. Wenn wir Hunger kriegen, verschiebt sich – meist unbewusst – unsere Wahrnehmung, wir nehmen die Welt anders wahr, zumindest bis wir den Hunger gestillt haben.

Abbildung 5.6: Hungrige Betrachter nehmen dieselbe Szene anders wahr als Nichthungrige.

Die Konsequenz: Hungrig achten wir auf die Markenlogos von **McDonald's & Co.**, während wir mit einem vollen Bauch achtlos an ihnen vorbei marschieren. Tatsächlich haben wir bei **decode** genau das beobachtet: Menschen sehen dieselbe Szene je nach Motivlage völlig unterschiedlich. So achten hungrige Probanden viel stärker auf alles, was mit Essen zu tun hat, als Gesättigte. Die Motivlage von Menschen beeinflusst ihre Wahrnehmung. Der Autopilot wird sensibilisiert, der Scheinwerfer der Aufmerksamkeit wird anders „eingestellt", weil der Autopilot nun besonders hellhörig ist. Codes bekommen also durch den Anschluss an aktivierte Motive automatisch Aufmerksamkeit. Wenn wir doch alle so stark um das vermeintlich knappe Gut „Aufmerksamkeit" kämpfen, dann haben wir hier einen mächtigen Zugang zu den knappen Aufmerksamkeitsressourcen unserer Kunden. Dieser Weg, Aufmerksamkeit zu gewinnen, ist viel wirkungsvoller als das Erzwingen mit Schock- und Erotikbildern oder anderen, meistens völlig bedeutungslosen Aufmerksamkeitswaffen. Genau diesen effektiven Weg, Aufmerksamkeit und Wirkung zu erzielen, hat **Coca-Cola** beschritten. Die Codes dieser Kampagne erreichten die Zielgruppe in einem sensiblen Moment, in dem das Sicherheitsmotiv im Ungleichgewicht war. Das hatte zur Folge, dass der Autopilot diese Codes als besonders relevant einstufte und den Aufmerksamkeitsscheinwerfer auf die Plakate richtete.

Übung: *Überlegen Sie, wie Sie diesen mächtigen Mechanismus für Ihre Kommunikation nutzen können: Wann ist das für Ihr Produkt relevante Motiv im Ungleichgewicht? Wann sind Ihre Botschaften am relevantesten für die Zielgruppe?*

Implizite Messung der Aufmerksamkeit

Der Autopilot steuert bei der Markenkommunikation den Scheinwerfer der Aufmerksamkeit. Über den Scheinwerfer können wir deshalb herausfinden, welche Codes für den Autopiloten relevant sind. Was der Scheinwerfer ausstrahlt ist relevant. Wie können wir den Scheinwerfer der Aufmerksamkeit messen? Es gibt mehrere Möglichkeiten. Ein Weg geht über die Augen, denn der Scheinwerfer steuert unsere Augen. Die Augen sind Sklaven des Scheinwerfers und werden vom Autopiloten gesteuert. Deshalb nehmen wir die Tatsache, dass unsere Augen sich permanent bewegen – die Umwelt abtasten – meistens nicht bewusst wahr. Weil wir während der Bewegung der Augen blind sind, geht es darum, die zwei bis drei Momente pro Sekunde zu messen, in denen das Auge stillsteht und Daten ins Gehirn reicht. Aber der

Scheinwerfer steuert nicht nur die Augen, sondern auch unseren Kopf, etwa wenn wir einen lauten Knall hören und unseren Kopf dorthin drehen. Der Scheinwerfer steuert auch den Zeigefinger, wenn wir auf etwas zeigen. Schon Babys zeigen mit dem Finger dorthin, wo sie gerade hinschauen.

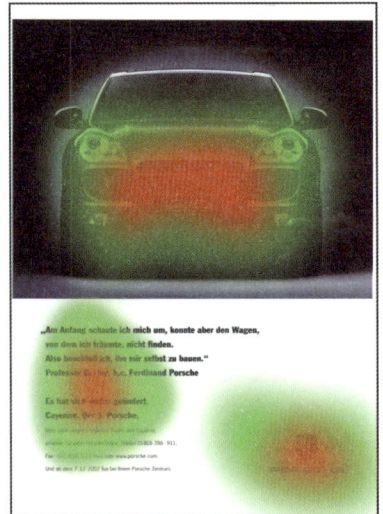

Abbildung 5.7: Die so genannte Heatmap zeigt auf, welche Bereiche der Anzeigen viel und welche wenig Beachtung finden – vom Autopiloten als relevant eingestuft werden. Hier am Beispiel zweier Anzeigen von Porsche und Citroën.

Über diese Art der Messung haben wir herausgefunden, dass der Autopilot durch die kulturellen Kontexte beeinflusst wird und derselbe Code in Frankreich eine ganz andere Wirkung auslöst wie in Deutschland. Auch die Motive beeinflussen den Scheinwerfer nachhaltig. So achten hungrige Probanden auf ganz andere Codes als nichthungrige.

Für die Markenkommunikation bedeutet das: der Effekt ist dann maximal, wenn die richtigen Codes auf ein aktiviertes Motiv treffen. Dieser Aspekt wird bei der Schaltung von Werbung noch viel zu selten berücksichtigt! Anstatt laut zu schreien, geht es darum, subtile und implizite Codes zum richtigen Zeitpunkt zu senden – hier liegt das Geheimnis wirksamer Kommunikation.

Ohne Motive keine Wirkung

Das **Coca-Cola-Beispiel** hat gezeigt, dass in sensiblen Momenten, in denen Ist- und Sollwert in einem Ungleichgewicht sind, Werbebotschaften deutlich stärker wirken. Das geht so weit, dass solche Botschaften sogar dann wirken, wenn sie nur implizit ins Gehirn gelangen, also komplett am Piloten vorbei direkt den Autopiloten ansprechen. Wie sehr die Wirkung von Markenkommunikation von den Motiven abhängt, zeigt das folgende Experiment.

EXPERIMENT

*Die Psychologin **Erin Strahan** ist in einer im renommierten Journal of Experimental Social Psychology veröffentlichten Studie der Frage nachgegangen, wie unterschwellige Reizdarbietungen bestehende Bedürfnisse und die Wahrnehmung von Werbung beeinflussen. Die Probanden wurden unter dem Vorwand einer Marketingstudie in ein Labor gebeten. Sie sollten drei Stunden vor Beginn des Experiments nichts essen oder trinken, so stellte die Forscherin sicher, dass die Teilnehmer durstig und hungrig zum Test erschienen (Abweichung Ist- und Sollwert). In einem ersten Experiment sollten die Probanden zwei Kuchensorten „testen". Anschließend durfte die eine Hälfte der Probanden Wasser trinken (nichtdurstige Gruppe), während die andere Hälfte nichts zu trinken bekam, um ihren Durst noch zu verstärken (durstige Gruppe). Dann kam es zum eigentlichen Test: Während die Probanden eine Aufgabe am Bildschirm lösen sollten (sie sollten sich Gesichter anschauen), wurde der Hälfte der durstigen und der Hälfte der nichtdurstigen Gruppe unterschwellig die Worte „trocken" und „durstig" eingeblendet. Die Worte wurden nur sehr kurz eingeblendet, so dass die Probanden sie nicht bewusst wahrnahmen und allenfalls ein kurzes Aufblitzen sahen. Das Ergebnis ergab zum einen, dass durstige Probanden, denen die Worte gezeigt worden waren, signifikant mehr Wasser tranken (210 ml) als durstige Probanden, bei denen die Worte nicht eingeblendet wurden (130 ml) und zum anderen, dass nichtdurstige Probanden (die zuvor Wasser getrunken hatten) sich nicht von den eingeblendeten Begriffen beeinflussen ließen. Dieses Experiment zeigt eindrucksvoll, wie Bedürfnisse und momentane Verfassungen den Autopiloten beeinflussen. Ohne aktiviertes Motiv prallen Botschaften am Autopiloten ab, weil sie dann in dem Moment keine Relevanz besitzen.*

*In einer zweiten Studie wurde ähnlich vorgegangen, nur dass die Probanden zwei Werbeanzeigen beurteilen sollten. Dabei wurde wieder einem Teil der Probanden die Begriffe „trocken" und „durstig" eingeblendet. Eine Anzeige bewarb einen besonders durstlöschenden **„Super-Quencher"**, die andere ein elektrolythaltiges **„Power-Pro"**-Getränk. Anschließend durften die Testpersonen einen Coupon für eines der beiden Getränke wählen. Das Ergebnis überraschte nicht: Durstige, durch die genannten Begriffe unterschwellig „manipulierte" Probanden bewerteten die **„Super-Quencher"**-Anzeige als deutlich überzeugender als die Teilnehmer, die die Begriffe vorher nicht sahen. Sie bewerteten das Getränk besser und entschieden sich deutlich häufiger für den **„Super-Quencher"**-Coupon als die unbeeinflussten Probanden. Ohne aktiviertes Motiv – in diesem Fall Durst – blieb die Beeinflussung jedoch erfolglos. Codes wirken also bei aktivierten Motiven sogar dann, wenn sie unbewusst ins Gehirn gelangen. Ist das Motiv jedoch nicht aktiviert, prallen die Codes ab.*

Dieses Experiment zeigt zwei wichtige Dinge. Aktivierte Motive erhöhen die Werbewirkung erheblich, sogar dann, wenn einer Werbebotschaft wenig Aufmerksamkeit gewidmet wird. Die zweite wichtige Erkenntnis: Markenkommunikation ohne Anschluss an ein relevantes oder aktiviertes Motiv prallt wirkungslos ab. Wie wir schon gesehen haben, ist genau das eine der wichtigsten Aufgaben der Codes: Codes schließen ein Produkt oder eine Marke an die Motive an.

Motive spricht man nicht direkt an

Die scheinbar einfachste Möglichkeit, das Produkt mit den Motiven zu verknüpfen, wäre sie direkt anzusprechen, zum Beispiel indem wir der Hausfrau sagen, dass **Maggi** ihr beim Kochen hilft. Leider funktioniert das nicht, wie ein Beispiel von **Porsche** zeigt.

Der **Porsche-Käufer** wird von Emotionen geleitet wie dem Motorengeräusch („das Brüllen des Löwen"), dem Gefühl der Überlegenheit gegenüber anderen oder davon, andere ohne Mühe auf der Autobahn überholen zu können (Autonomiemotiv). Eine Werbekampagne für **Porsche** musste nach knapp zwei Monaten wieder eingestellt werden, weil in ihr diese eigentlichen Beweggründe des Porsche-Käufers offen (explizit) angesprochen wurden. In den Anzeigen dieser Kampagne wurden „Serpentinen zu Höhenflügen", „Steigungen" wurden „weggesteckt" und Sekretärinnen sahen in ihrem Chef einen ganz anderen Menschen, sobald er im **Porsche** saß. Ein Kundenbrief wie der folgende war typisch für die Reaktion der **Porsche-Kunden**:

> *„Ich bin Porsche-Fahrer seit Jahren, aber ich will mich nicht bloßgestellt sehen in der Hauswerbung. Was Sie da sagen, stimmt ja zum Teil, aber man darf das nicht so kindisch ausdrücken."* (Schierl, T., 2001, S. 211)

> *Die unbewussten Motive dürfen nur verschlüsselt angesprochen werden. Genau dies ist die Aufgabe der impliziten Codes der Markenkommunikation.*

Ziehen wir an dieser Stelle ein kurzes Fazit. Wir haben nun zur Ansprache unserer Kunden vier Codes identifiziert. Das Ziel der Codes ist es, Produkte und Marken mit Bedeutung aufzuladen und sie an die relevanten Motive anzuschließen. Die Codes bilden die Brücke zwischen Produkt und Motiv. Wenn man also diese Brücke nicht zu explizit machen darf, wie das **Porsche-Beispiel** zeigt, wie kann man nun den Anschluss der Codes an die Motive analysieren und systematisch steuern? Um diese Frage zu beantworten schauen wir uns einige Beispiele an.

Fallbeispiel Blackberry

Unser erstes Beispiel ist das **Blackberry-Handy**, auch bekannt als „Manager"-Handy. Handys können viele Motive bedienen. Das Handy ist zum Beispiel über die SMS-Funktion anschlussfähig an das Motiv Geborgenheit und über den integrierten Mediaplayer kann das Erregungsmotiv angesprochen werden. Welches Motiv ist aber im **Blackberry** angelegt? Zunächst müssen wir verstehen, welche Motive im Produkt selbst angelegt sind. Der E-Mail-Push und die Echtzeitsynchronisation mit dem Organizer im Büro schaffen Effizienz. Man ist stetig auf dem aktuellen Stand der Dinge. Das zahlt in Kontrolle und Unabhängigkeit ein, spricht also das Autonomiesystem an. Für welche Zielgruppe ist dieser Nutzen besonders relevant? Für Manager und Geschäftsleute oder für alle, die sich als solche inszenieren möchten.

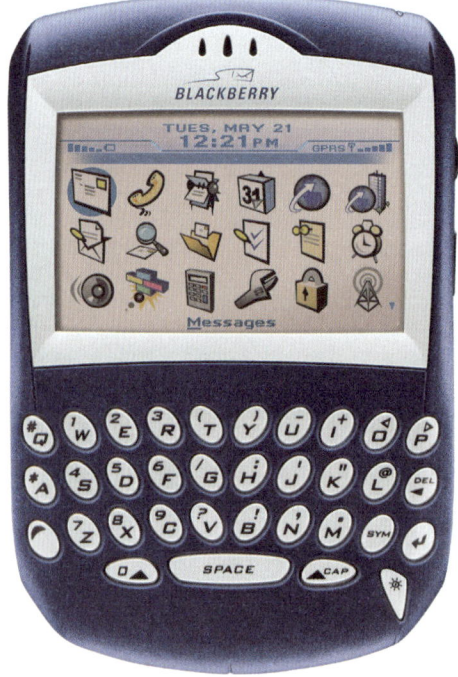

Abbildung 5.8: Das Blackberry-Handy.

Der Erfolg des **Blackberrys** bei Geschäftsleuten und Managern hat viel damit zu tun, dass hier letztlich das Autonomiemotiv bedient wird, nämlich jederzeit alles unter Kontrolle zu haben, voll vernetzt und informiert zu sein. Im Produkt selbst ist also die Erfüllung eines zentralen Grundmotivs der Zielgruppe schon angelegt: das Streben nach Macht (andere beherrschen) und Leistung (sich selbst beherrschen). Es zeigt auch, dass ein Handy nicht jede Funktion benötigt – es müssen diejenigen Funktionen integriert sein, die in das Motiv einzahlen. Das **Blackberry** braucht also keine Kamera.

Abbildung 5.9: Anzeige von Blackberry.

Produkteigenschaften, die nicht für die Motivregulation notwendig sind, bieten Einsparpotential in der Produktentwicklung, weil sie keinen motivationalen Mehrwert dazufügen.

121

So weit die Produktfunktionen. Was ist mit dem Produktdesign? Das **Black-berry-Handy** zeichnet sich durch eine ungewöhnliche Form aus, es ist kantig und eckig, ohne jeden Schnickschnack wie etwa eine Kamera – es ragt aus den anderen Handys hervor. Die Form ist insgesamt männlich, da Männer eher kantige, geradlinige, quadratische Formen bevorzugen, während Frauen eher von weichen und rundlichen Formen angesprochen werden. Der **Blackberry** sendet deshalb schon mit seiner Designsprache relevante, implizite Codes an die männliche Zielgruppe.

Nun gilt es in der Kommunikation, eine Brücke zwischen den im Produkt angelegten und den für die Zielgruppe relevanten Motiven herzustellen. Genau das ist Aufgabe der Codes. Welche Codes nutzt das Unternehmen in der Kommunikation, um das im **Blackberry** angelegte Autonomiemotiv an das im Kunden aktivierte Motiv zu koppeln?

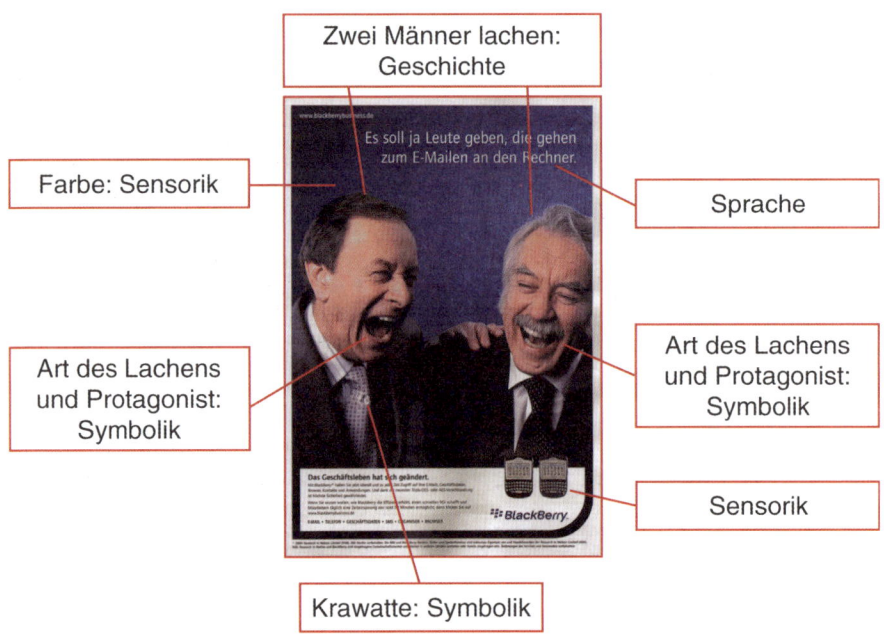

Abbildung 5.10: Um die expliziten und impliziten Bedeutungen eines Werbemittels zu entschlüsseln, muss es in seine einzelnen Codes zerlegt werden. So kann jedes Element auf seine Bedeutung hin analysiert und überprüft werden.

Die Bedeutung eines Bildes ergibt sich erst durch das in ihm enthaltene Code-Muster. Das Bild ist eine zu grobe Analyseebene, um an die darin enthaltenen Bedeutungen und Motive heranzukommen und diese zu steuern. Im Unterschied dazu bieten die vier Codes eine umsetzungsorientierte Abstraktionsebene, die auch der Realität im Gehirn, insbesondere den Gedächtnissystemen, besser entspricht.

Zuerst der explizite Code: die *Sprache*. Die Headline enthält – wenn auch indirekt – die Botschaft, dass man zum e-mailen nicht mehr an den Rechner muss. Sie beschreibt den funktionalen Mehrwert. Der in der Headline beschriebene Mehrwert ist aber nicht differenzierend, denn E-Mails kann man auch mit anderen Handys von unterwegs abrufen, nur eben nicht in Echtzeit. Man sieht an diesem Beispiel nochmals deutlich, wie schwierig es ist, über die Sprache den eigentlichen Mehrwert differenzierend zu kommunizieren. Implizit drückt die Headline aber auch ein Unverständnis darüber aus, dass es „noch Leute gibt", die unterwegs keine E-Mails erhalten und senden können.

Die *Geschichte*, die erzählt wird, ist kurz. Zwei gut situierte Herren, etwas älter, von höherem Rang, lachen herzhaft. Im Zusammenspiel mit der Headline wird deutlich: Sie lachen über jemanden, der noch kein **Blackberry** hat.

Die *Symbolik* in der Anzeige ist passend zum Autonomiemotiv. Die Herren sind erfolgreiche Business-Entscheider, eigentlich Mitglieder der Herde, zu der auch der potenzielle Kunde gehört oder gehören will. Auffällig ist dabei, dass der eine der beiden Herren missgünstig lacht. An dieser Stelle wollen wir auf die Analyse des Logos, der Krawatten, der abgerundeten Ecke usw. verzichten.

Die *sensorische* Anmutung wird vor allem durch das Blau bestimmt. Es wirkt kühl und man assoziiert: einen kühlen Kopf bewahren. Dies passt zum Selbstverständnis der Zielgruppe und ist mit dem Autonomiemotiv gut anschlussfähig.

Bei der systematischen Analyse der Codes erkennt man das Problem. Die Zielgruppe sind nach Autonomie strebende, machtorientierte Männer. Die Headline provoziert dieses Motiv ein wenig, das Bild dazu ist aber ein Schlag ins Gesicht: Die beiden Herren lachen den Kunden aus. Diese Anzeige thematisiert zwar das Autonomiemotiv, aber sie dient nicht dazu, das Autonomiekonto aufzufüllen. Im Gegenteil: sie reduziert das Autonomiekonto. Zudem kann der Kunde nicht direkt kaufen, um das Konto durch

Konsum aufzufüllen. Mag die Anzeige beim Piloten noch funktionieren, der Autopilot wird hier eher verschreckt als angesprochen!

Was also tun mit dem Minus auf dem Motivkonto? Wenn wir unser Ungleichgewicht nicht durch den Konsum wieder ins Lot bringen können, dann setzt das so genannte Coping ein – die Problembewältigung. Das kann zum Beispiel die Abwertung sein, das heißt die Manager stellen in Frage, ob sie *„diesen komischen **Blackberry**"* überhaupt brauchen. Wir sind immer bedacht darauf, im Gleichgewicht zu sein, ob über Konsum oder andere Mechanismen im Gehirn (z. B. Rechtfertigungen).

Natürlich gehört auch eine Portion Provokation zur Markenkommunikation, speziell der Werbung. Die dahinter liegende Annahme der Verantwortlichen war implizit: Wir führen mit der Anzeige dazu, dass das Autonomiemotiv ins Minus kommt, und der Kunde es durch den Kauf dann wieder auffüllt. Das kann auch funktionieren – wie wir gleich sehen werden –, aber hier wurde ein Fehler gemacht. Man hat das Auffüllen des Motivkontos nicht dargestellt. Nirgendwo in der Anzeige ist markiert, dass durch den Kauf das Autonomiemotiv wieder ins Gleichgewicht kommt.

Yorkie – Der Riegel für Männer

Dass Provokation funktionieren kann, zeigt folgendes Beispiel aus England: Der Schokoladenriegel **Yorkie** kämpfte gegen sinkende Absätze. Als Lösung wurde der Riegel spitz auf das Autonomiemotiv positioniert. Er wurde als Riegel „nur für Männer" inszeniert. Diese Positionierung wurde auch durch die Distribution unterstützt, indem der Riegel auch in Pubs verkauft wurde. Der Claim „Do not feed the birds" oder „King Size Not Queen Size" unterstrich die männerexklusive Positionierung. Der Riegel verkaufte sich sehr gut, das Spannende aber war, dass ein großer Anteil des Wachstums auf Frauen zurückging. Frauen haben heute einen höheren Sollwert für Autonomie als früher. Und dieser Riegel reduzierte das weibliche Autonomiekonto und er füllte es aber auch wieder. Dabei ist eines zu beachten: der Riegel kann sofort gekauft werden, wenn das Autonomiemotiv ins Minus kommt, denn der Riegel, selbst die Verpackung, löst über Symbole und Sprache die Provokation aus. Es ist also zentral, nicht nur die Werbung zu betrachten, sondern auch die Verpackung selbst. Das Beispiel zeigt, dass jeder Markenkontaktpunkt stringent auf die Motive ausgerichtet werden muss – nicht nur die Markenkommunikation. Der Riegel war dick und konnte nur seitlich abgebissen werden, so wie Männer Schokolade essen. Frauen dagegen essen Schokolade anders, sie beißen nicht kraftvoll zu, sondern eher genüsslich. Auch das Produkt war also an das Motiv anschlussfähig.

Das **Yorkie-Beispiel** zeigt anschaulich: Die Motiverfüllung muss im Produkt angelegt sein und jeder Markenkontaktpunkt – von der Verpackung über das Nutzungserlebnis bis hin zur Kommunikation – sollte in die Motivpositionierung investieren.

Beck's versus Jever – Positionierung auf einem oder mehreren Motiven?

Der deutsche Biertrinker kann zwischen über 1.000 Biermarken wählen. Es gibt kaum eine andere Konsumgüterbranche, in der so viele Marken um unsere Gunst werben. Die **Beck's-Brauerei** konnte entgegen dem Markttrend sinkender Absätze im Biermarkt junge Biertrinker für sich gewinnen. Dieser Erfolg kann nicht nur mit der Qualität von **Beck's** zu tun haben. Was ist also das Erfolgsgeheimnis der Marke? Die Antwort liegt in den Codes und ihrer Motivbedeutung. Oberflächlich betrachtet erscheint die **Beck's-Werbung** trivial: Das Bier schmeckt, erfrischt und wird in Gesellschaft getrunken. Analysiert man die Codes, kommt das Eigentümliche der Marke zum Vorschein.

Abbildung 5.11: Anzeigen von Beck's.

Beck's benutzt zwei sprachliche Codes: den Claim **Beck's Experience** und den Song „**Sail Away**". Beide zahlen auf das Erregungsmotiv ein und versprechen neue Erfahrungen. Das Symbol Segelschiff mit grünen Segeln ist seit fast 20 Jahren das Schlüsselbild. Wofür steht ein Dreimaster? Er kodiert Aspekte wie „Expedition" und „Entdeckung". Schon Kolumbus segelte mit einem Dreimaster über die Meere. Der Dreimaster ist ein kulturell gelerntes Symbol, dessen implizite Bedeutung die meisten von uns mühelos dekodieren können. Er ist also nicht nur ein starkes visuelles Signal, sondern auch eine verschlüsselte Botschaft. Der Code „Dreimaster" ist eine Brücke zum Erregungsmotiv, das offene Meer verstärkt das Thema Abenteuer. Ein See würde als Code hier nicht funktionieren, da er durch seine Abgeschlossenheit eine andere Bedeutung transportiert. Auch die Protagonisten sind Symbole. Es sind keine Teenies mehr, sondern junge Erwachsene,, die überhaupt nicht dem Klischee eines Biertrinkers entsprechen. Bier hat nämlich, wie alle Produkte, auch eine Kehrseite. Diese Kehrseite gilt es zu bearbeiten. Die Protagonisten arbeiten aktiv gegen das negative Bild des Biertrinkers (Bierbauch, Schweiß usw.).

Der wirksamste psychologische Hebel ist die Positionierung der Marke im Bereich Abenteuer und Freiheit – Beck's bedient das Erregungsmotiv. Das erklärt den Erfolg der Marke bei Jugendlichen. Die Marke ist anschlussfähig an genau das Motiv, das bei Jugendlichen aktiv ist. Hier empfinden sie einen starken Sollwert und **Beck's** hilft ihnen, das Konto ihres Erregungsmotivs aufzufüllen. Jedes Detail der **Beck's-Werbung** ist dabei stimmig. Sie erreicht mit allen eingesetzten Codes – vom offenen Meer über den Dreimaster bis zum Ohrwurm – das hoch aktivierte Erregungsmotiv der Jugendlichen. Das Ergebnis ist ein Lernvorgang, der die Marke mit Hilfe der Codes im Gehirn der Zielgruppe verankert und an ein aktuell relevantes Motiv anschließt. Erst dadurch entfaltet die Kampagne nachhaltige Wirkung. Gleichzeitig zu diesem Streben nach Abenteuer und Abnabelung haben Jugendliche einen starken Wunsch nach Anschluss an eine Gruppe, sind sie doch gerade im Begriff, die Herde, ihre Familie, zu verlassen. Es ist also wichtig, hier immer eine größere Gruppe von Menschen zu zeigen.

Jever dagegen tritt ganz anders auf. Die verlassene Szenerie strahlt Ruhe aus und ist eher an das Sicherheitsmotiv anschlussfähig. Der Protagonist selbst ist ein Businessman, der Autonomie ausstrahlt: Dreitagebart, Mantel und Anzug, aber selbstbewusst leger. Und dann die entscheidende Szene: Der Protagonist lässt sich fallen. Diese Szene ist enorm wichtig. Sie verdeutlicht, dass **Jever** zwei Motive gleichzeitig bedient – das Autonomie- und das Sicherheitsmotiv (sich fallen lassen). **Jever** hätte über die Jahre viel Geld an Mediaausgaben sparen können, wenn sie auf diese Sekunden verzichtet hätten. Diese Szene macht die Marke allerdings komplexer und damit nachhaltig differenzierender. Das Geld hat sich also mehr als rentiert.

Abbildung 5.12: Szenen aus dem TV-Spot der Marke Jever.

Die für den **Jever-Spot** verantwortliche Kreativagentur **Jung von Matt** erkannte die Relevanz der Szene intuitiv, in der sich der Protagonist fallen lässt. Der Auftraggeber hatte die Szene ursprünglich abgelehnt. Der Fall des Mannes in den Dünensand wirke so, als wäre er betrunken. Die Agentur hingegen sah darin ein Symbol totaler Entspannung, kämpfte für diese Szene und setzte sich am Ende durch. Eine systematische Bedeutungsanalyse der Codes und der damit angesprochenen Motive kann helfen, die interne Diskussion auf eine solide Grundlage zu stellen, indem sie die wahre Bedeutung solcher Szenen offen legt.

Das **Jever-Beispiel** zeigt, dass erfolgreiche Marken sich nicht auf ein Motiv festlegen müssen, sondern auch einen Motivmix ansprechen können. Werden mehrere Motive angesprochen, steigt die Komplexität der Marke. Das macht es dem Wettbewerber schwerer, die Marke anzugreifen, denn die Differenzierung ist dadurch nachhaltiger.

Übung: *Nehmen Sie eines Ihrer Werbemittel und „zerlegen" Sie es in die einzelnen Codes. Überlegen Sie, welche Bedeutung diese Codes haben und an welche Motive sie anschließen. Stimmt das Gesamtbild? Und passen die von den Codes angesprochenen Motive auf Ihre Zielgruppe?*

Verfassungen managen

Bislang haben wir über Marken und klassische Werbung gesprochen. Der Anschluss an die Motive spielt aber bei jedem Kontaktpunkt mit der Marke eine wichtige Rolle. Wir haben schon gesehen, dass Markenkommunikation den Kunden in unterschiedlichen Verfassungen antrifft. Sogar innerhalb eines Kontaktes können die Motive variieren, wie zum Beispiel in einem Antragsformular einer Versicherung. Der potenzielle Kunde ist interessiert und bekommt den Antrag zugesandt. Was bestimmt nun den Erfolg des Antrags, was erhöht die Wahrscheinlichkeit, dass der Kunde das Formular ausfüllt und einschickt? Im ersten Moment ist für den Interessenten wichtig, in seiner Vorauswahl bestätigt zu werden. Wie bedienen wir dieses Bedürfnis? Zum Beispiel indem wir symbolische Codes in das Formular integrieren, die dem Autopiloten Sicherheit signalisieren, etwa in Form von positiven Testreferenzen (z.B. Logo „Testsieger"). Das mag trivial klingen, ist es aber nur auf den ersten Blick und auch nur aus der Pilotenperspektive, wie wir gleich sehen werden.

Nach dem ersten Eindruck werden nähere Informationen nötig – zumindest sagt uns der Pilot im Stirnhirn, dass wir das Angebot genauer prüfen müssen. Wer aber liest wirklich die Details und die Allgemeinen Geschäftsbedingungen? Wir müssen dem Kunden also das Gefühl geben, alles Wichtige kontrolliert zu haben. Das funktioniert am besten durch eine klare Gestaltung. Irritationen oder Unklarheiten aktivieren den Piloten und machen den Kunden kritischer. Sein mangelndes Verständnis und den daraus resultierenden Ärger überträgt er auf den Anbieter, nicht auf sich selbst! Haben wir ihn nun durch den gesamten Formularprozess geführt, gilt es abschließend noch einmal, Sicherheit zu vermitteln, damit das Formular auch abgeschickt wird. Dieses Beispiel zeigt, dass sogar in ein und demselben Formular mehrere Motive wichtig sind: Sicherheit zu Beginn und am Ende und in der Mitte des Prozesses **Autonomie**.

> *In den Stufen eines Entscheidungsprozesses sind verschiedene Motive relevant. Es gilt zum richtigen Zeitpunkt die richtigen Codes zu senden, um das gerade aktive Motiv richtig zu bedienen.*

Fallbeispiel Freenet

Der Bestellprozess von **Freenet** zeigt, wie man mit Codes Verhalten bahnen („primen") kann. Im Anmeldeprozess für das DSL-Angebot gibt es optional die Möglichkeit, ein Sicherheitspaket für sechs Monate zu testen. Schauen wir uns diesen Teil des Bestellprozesses genauer an. Wir sehen, dass die Testlogos mit dem Stichwort „Gut" nicht zufällig, sondern direkt über dem „Weiter"-Schaltknopf platziert sind. Warum? Diese Codes signalisieren dem Autopiloten zum Abschluss nochmals Sicherheit, bevor es zum finalen Schritt geht, die Anmeldung des Bestellvorgangs abzusenden.

Abbildung 5.13: Ein Schritt aus dem Anmeldeprozess von Freenet. Die Testsiegel sind genau über dem „Weiter"-Button angebracht und bahnen somit das gewünschte Verhalten.

Das Schloss als Sicherheitssymbol (oben links) ist mit vielen konkurrierenden Codes umlagert, es ist kaum sichtbar. So verhindert **Freenet**, dass das Thema Sicherheit zu stark aktiviert wird. Denn selbst wenn wir explizit sagen, „wir sind sicher", kommunizieren wir auch eine implizite Bedeutung, dass es nämlich auch anders sein könnte. Wenn uns jemand auffordert, nicht an einen rosa Elefanten zu denken, springt der uns natürlich sofort ins Arbeitsgedächtnis. In der Usability-Forschung heißt ein solches Design „persuasive" Design, also überzeugendes oder verkaufendes Design. Dass diese vermeintlich einfachen oder trivialen Maßnahmen sich tatsächlich in realen Verkaufszahlen ausdrücken, zeigt das nächste Beispiel.

Fallbeispiel Chrysler

Es geht hier um die Analyse eines elektronischen Newsletters für die Automarke **Chrysler**. Das Ziel des Newsletters war es, Probefahrten zu generieren. Der Vorteil für uns Forscher liegt auf der Hand: Im Unterschied zu anderen Werbemitteln erhalten wir bei elektronischer Werbung ein direktes Feedback darüber, was funktioniert hat und was nicht. Hier zeigt sich, welcher Newsletter gut verkauft und viele Probefahrten generiert hat und welcher weniger gut abgeschnitten hat. Das Ziel in einem vorab durchgeführten Test war es, den besseren von zwei Newslettern zu bestimmen. Hierzu haben wir die in Kapitel 8 beschriebene Codeanalyse durchgeführt sowie die Verschiebungen des Aufmerksamkeitsscheinwerfers erhoben.

Abbildung 5.14: Elektronischer Newsletter der Marke Chrysler. Beide Varianten wurden in Testmärkten an Kunden gesendet.

Um zu verstehen, wie die Testergebnisse mit den realen Verkaufszahlen korrelierten, wurden beide Newsletter an die Kunden versandt, mit dem Ergebnis, dass einer der beiden stattliche 400 Prozent mehr Probefahrten generierte. Schauen wir uns die beiden Newsletter an.

Übung: Welcher Newsletter, glauben Sie, hat die 400 Prozent mehr Probe-fahrten generiert? Die linke oder die rechte Version? Wie würden Sie Ihre Wahl begründen?

In unseren Seminaren fällt die Wahl oft auf die rechte Alternative. Die Be-gründung lautet: weil der „Ich-Will"-Schaltknopf deutlich hervorsticht. Andere Teilnehmer bevorzugen die linke Variante, weil sie hier einen kla-reren Blickverlauf vermuten. Diese Situation ist prototypisch für den Wer-bealltag. Wir haben zwei oder mehr Varianten vorliegen, zum Beispiel die aktuellen Vorschläge der Werbeagentur. Nun müssen wir uns entscheiden, welche Variante wir schalten. Hier kommen sehr häufig Geschmacksfragen und weitere Aspekte ins Spiel, die wenig bis nichts mit den wirklichen Triebfedern des Erfolgs zu tun haben. Zudem lernen wir in solchen – nicht selten sehr lange dauernden und deshalb teuren – Diskussionen nichts über den Kunden und wie sein Autopilot die Codes entschlüsselt. Schalten wir dann die eine oder andere Version, können wir nur hoffen, dass sie auch so funktioniert wie es diskutiert wurde. Aber auch wenn sie funktioniert, blei-ben die Gründe oft verschleiert – warum also hat der eine Newsletter mehr verkauft? Woran hat es wirklich gelegen? Denn offensichtlich sind doch die Unterschiede zwischen den beiden Newslettern nicht wirklich groß.

Tatsächlich war es die Variante links im Bild, die 400 Prozent mehr Probe-fahrten generierte. Wie kommt der große Unterschied im Verkaufserfolg zustande? Die Art der Darstellung des Autos in den kleinen Bildern trans-portiert implizit unterschiedliche Bedeutungen. Wirkt die Abbildung des Autos rechts eher wie ein **„Matchbox"-Auto**, so wirkt die Abbildung des Autos in der Gewinnervariante durch den Bildanschnitt dynamischer und kraftvoller und spricht damit die Zielgruppe der Männer stärker an. Zudem steht dieser kraftvolle Code bei der Gewinnervariante in der unmittelbaren Nähe der Response-Elemente („Ja-Ich-Will"-Knopf, URL der Website). Hier wird die Response, die erwünschte Reaktion der Kunden, viel stärker gebahnt. Diese stärkere Bahnung bildet sich auch in den **Aufmerksam-keitsdaten** ab.

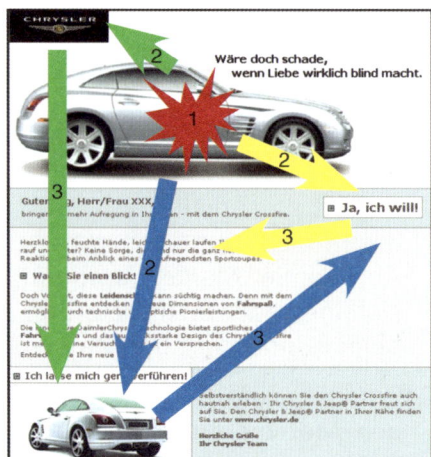

Abbildung 5.15: Aufmerksamkeits-Analysen zeigen, wohin der Autopilot den Scheinwerfer der Aufmerksamkeit lenkt. Wo die Betrachter also als erstes („1."), zweites („2.) usw. hinschauen.

Beim Gewinnermotiv wandert der Scheinwerfer der Aufmerksamkeit aller Testpersonen sehr strukturiert. So schauen alle im zweiten Schritt den Bildanschnitt des Autos an, während beim Motiv rechts der Aufmerksamkeitsverlauf „verzettelt" ist. Das Design führt den Autopiloten nicht genügend, die Codes sind nicht stark genug und so wandern einige Betrachter direkt nach unten, einige nehmen den Umweg über das Logo und nur die wenigsten springen zum eigentlich relevanten Bereich, dem Response-Button „Ja, ich will".

Wir sehen: Die vermeintlich ähnlichen bis identischen Newsletter sind auf einer impliziten Ebene sehr unterschiedlich in ihrer Wirkung und in ihrer Fähigkeit, an vorhandene Motive anzuschließen. Durch dieses Wissen kann **Chrysler** die Codes nun systematisch einsetzen und steuern und spart zudem langwierige Geschmacksdiskussionen.

FAZIT:

1. Bedeutung alleine reicht für den Erfolg von Markenkommunikation nicht aus. Erst durch den Anschluss an relevante Motive lösen wir beim Kunden Verhalten aus.

2. Es gibt prinzipiell drei Grundmotive, die unser Konsumverhalten bestimmen: Das Streben nach Sicherheit, nach Erregung und nach Autonomie. Markenkommunikation kann nur Erfolg haben, wenn sie eines oder mehrere dieser Motive anspricht und diese Motive beim Kontakt mit der Marke aktiviert sind.

3. Produkte und Marken haben die Funktion, Ungleichgewichte in den Motiven auszugleichen oder zu verhindern. Nur wenn Produkte und Marken dies testen, sind sie nachhaltig erfolgreich.

4. Produkte und Marken stärken entweder die Persönlichkeit (Trait-Produkte) oder bedienen kurzfristige Motivlagen und Verfassungen (State-Produkte). Dies muss bei der Vermarktung berücksichtigt werden.

VI. Markennetzwerk – Bedeutung aktiv managen

Wir haben bislang über die Codes und die Motive gesprochen und gesehen, dass hierin der Erfolg von Markenkommunikation begründet ist. Es ist entscheidend, Produkte und Marken über die Codes mit den Motiven zu verknüpfen. Wenn der Erfolg davon abhängt, wie die Codes an die Motive angeschlossen sind, müssen wir verstehen, wie dieser Anschluss funktioniert. Die Grundlage für das Zusammenspiel von Codes und Motiven sind neuronale Netzwerke in unserem Gehirn. In diesen neuronalen Netzwerken sind die Codes mit den Motiven verknüpft. Um diese Netzwerke systematisch steuern zu können, müssen wir wissen, wie sie funktionieren. In diesem Kapitel erklären wir, wie diese Netzwerke funktionieren und wie sie gemanagt werden können.

Das Gehirn organisiert Marken in neuronalen Netzwerken

Bereits direkt nach der Geburt beginnt unser Gehirn, wie ein Schwamm Informationen aufzunehmen. Damit es nicht überfordert wird, entwickeln sich die Sinne erst langsam. So kann das Gehirn Schritt für Schritt seine Arbeitsweise verfeinern. Die eingehenden Informationen, egal über welchen Sinneskanal sie kommen, werden gespeichert. Man geht heute davon aus, dass es kein Vergessen gibt, das heißt, alles wird gespeichert, aber nur wenig davon ist bewusst abrufbar ist. Das meiste wird in den Tiefen des Autopiloten abgelegt.

Unser Gehirn, getrieben von Effizienz, legt Informationen nicht wie ein Computer einzeln ab, sondern organisiert die Welt in so genannten neuronalen Netzwerken. Ein solches Netzwerk besteht aus einer Vielzahl von Nervenzellen (Neuronen), die miteinander verbunden sind. Dabei können die Netzwerke sensorische, episodische, symbolische oder sprachliche Codes enthalten. Jeder Code kann prinzipiell in ganz viele Netzwerke integriert sein. Der Code Blau kann Bestandteil der Netzwerke **„Deutsche Bank"**, **„Allianz"**, „Wasser", „Frische" usw. sein. Die Verbindungen zwischen den Codes sowie zwischen den Codes und den Motiven erwachsen aus implizitem, kulturellem Lernen. So entsteht die Verbindung zwischen dem Dreimaster und der Bedeutung „Abenteuer" und diese Bedeutung wird durch die Markenkommunikation von **Beck's** in das **Beck's-Netzwerk** integriert.

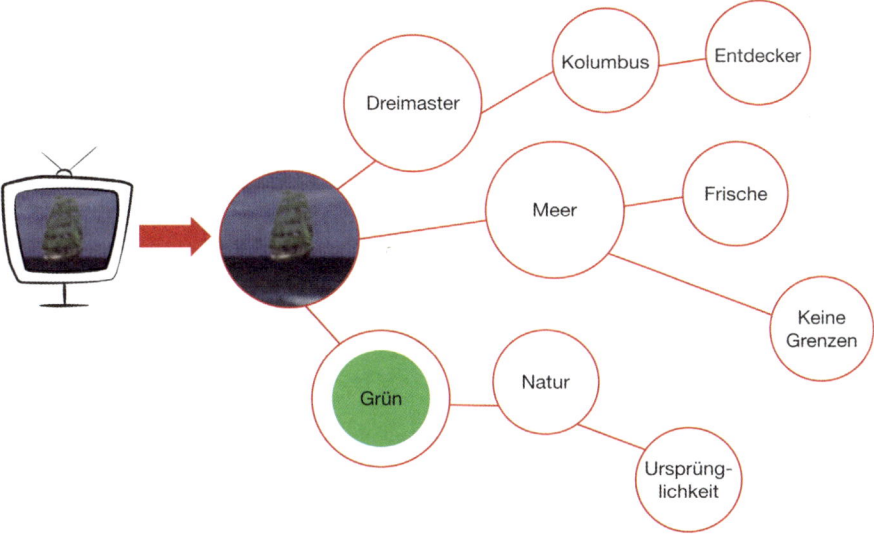

Abbildung 6.1: Ein Markennetzwerk (stark vereinfacht). Exemplarisch sind die Bedeutungen einiger Codes von Beck's dargestellt. Die Symbole Dreimaster und Meer sowie der sensorische Code Grün laden die Marke mit den in den Codes enthaltenen Bedeutungen auf.

Die Markennetzwerke sind über das gesamte Gehirn verteilt: Wenn wir die lila Farbe von **Milka** sehen, sind Netzwerke im visuellen Kortex aktiviert. Sie sind es auch, die die Farbe speichern. Die akustischen Merkmale einer Marke, zum Beispiel der „Sail Away"-Song von **Beck's**, sind im auditiven Kortex gespeichert, direkt hinter den Ohren, im Temporallappen (genauer: im assoziativen Teil). Die haptischen Merkmale der Marke, also wie sich etwa eine Verpackung anfühlt, sind im somatosensorischen Kortex ganz oben im Gehirn abgelegt. Die motivationalen Aspekte der Marke sind ganz vorne, im orbitofrontalen Kortex abgelegt. Ein Markennetzwerk mit seinen Codes und den Motiven ist also über das gesamte Gehirn verteilt.

> *Die Markennetzwerke sind als komplexes Muster über das gesamte Gehirn verteilt.*

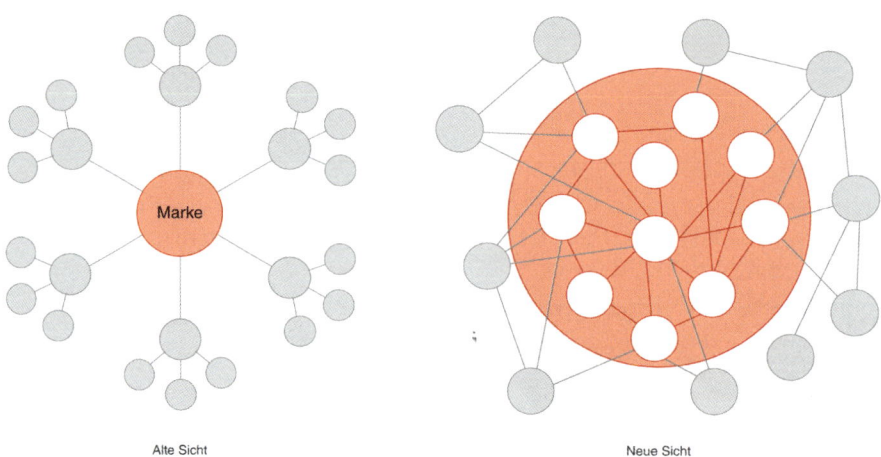

Alte Sicht   Neue Sicht

Abbildung 6.2: Die Marke ist nicht ein konkreter Inhalt in den Köpfen der Kunden, mit dem andere Inhalte assoziiert sind, sondern ein neuronales Netzwerk, dessen Bedeutung im gesamten Muster liegt. Das charakteristische Muster des Netzwerks bestimmt die Marke und ihre Bedeutung.

Bevor wir nun tiefer in die neuronalen Netzwerke im Kopf einsteigen, wollen wir kurz die Frage aufwerfen, warum das Gehirn Marken und insgesamt Bedeutung in Form von neuronalen Netzwerken organisiert. Ein wichtiger Grund ist Effizienz: ein Code genügt, um alle damit verbunden Codes und Motive zu aktivieren. Das erlaubte unseren Vorfahren, schon beim verdächtigen Rascheln des Gebüschs schnell die Bedeutung „Säbelzahntiger" zu erkennen und sofort zu reagieren. Diese Eigenart der Netzwerke können wir in der Markenkommunikation nutzen. Wenn also ein Kunde den Dreimaster sieht, wird das gesamte **Beck's-Netzwerk** auf einen Schlag aktiviert. Für die Marketingpraxis bedeutet das, dass die Kunden vor allem diejenigen Codes wahrnehmen müssen, die für die Aktivierung des gesamten Markennetzwerks besonders gut geeignet sind. Zeigt man nur die Farbe Grün, wird das **Beck's-Netzwerk** nicht eindeutig aktiviert, sondern auch andere Netzwerke wie das der **Dresdner Bank**. Der Dreimaster aber steht eindeutig für das Markennetzwerk von **Beck's**. Er aktiviert das Netzwerk und damit die weiteren Codes. Steht der Kunde vor dem Regal, greift er eher zu, je mehr Codes zu einer Marke aktiviert werden. Es macht deshalb Sinn, auf der Verpackung Elemente der Werbung zu zeigen. Erst wenn ein Markennetzwerk einmal aktiviert ist, werden alle nachfolgenden Codes damit in Verbindung gebracht.

Vor diesem Hintergrund ist es eigentlich notwendig, das Markennetzwerk direkt am Anfang eines Radio- oder Fernsehspots zu aktivieren. Dies muss aber nicht unbedingt explizit durch die Nennung des Markennamens oder Produktes geschehen. Denn die explizite Markennennung zerstört den Spannungsbogen wie die Kreativen in den Werbeagenturen zu Recht anmerken. Die Lösung für das vermeintliche Dilemma liegt in den impliziten Marken-Codes. Das Markennetzwerk muss durch die eindeutigen, aber impliziten Marken-Codes aktiviert werden, so dass die Botschaften dem Markennetzwerk zugeordnet werden. Eine Gruppe junger Menschen auf einem Schiff und die entsprechende Musik und Sensorik aktivieren implizit das **Beck's-Netzwerk**, ohne dadurch die Spannung zu zerstören.

Wie das Gehirn Netzwerke aktiviert

*Wie einzelne Codes ganze neuronale Netzwerke aktivieren, zeigt eine Studie des britischen Wissenschaftlers **Jay Gottfried** vom University College in London. **Gottfried** konfrontierte seine Versuchsteilnehmer im Hirnscanner zunächst für zehn Sekunden mit einem als angenehm empfundenen Duft – etwa Rosenwasser. Wenige Sekunden später sahen die Probanden dann jeweils ein Symbol: mal einen Helm, dann einen Ball oder eine Holztruhe. Ihre Aufgabe bestand nun darin, sich innerhalb der nächsten Sekunden eine kleine Geschichte auszudenken, die etwa Rosenduft und Helm kreativ miteinander verknüpfte.*

*Danach kamen der nächste Geruch, ein neues Symbol und eine weitere erdachte Kurzgeschichte. Erst nach einer Lernphase mit rund 130 verschiedenen Symbolen und neun wechselnden Gerüchen begann der eigentliche Gedächtnistest. Hierzu vermischte **Gottfried** alte Symbole mit neuen. Die Versuchspersonen sollten sich erinnern, welche Symbole ihnen schon bekannt erschienen.*

Das überraschende Ergebnis: Wann immer Teilnehmer ein ihnen vertrautes Symbol erkannten, leuchtete im Scanner auch jener Hirnbereich auf, in dem eigentlich Gerüche repräsentiert sind, und das, obwohl es während der Testphase nichts mehr zu riechen gab. Es entstand eine Art „virtueller Geruch". Erlebtes, also der Geruch einer Rose, das Bild eines Helms und das Rascheln des Rosenstrauchs werden also nicht als abstraktes Erinnerungspaket abgespeichert. Vielmehr fragt die Schaltzentrale des Gedächtnisses,

> *der Hippocampus, schon beim Anblick etwa des Helms in den verschiedenen sensorischen Hirnzentren ab, ob es zu dem Symbol erinnerte Szenen gibt und welche Sinne dabei beteiligt waren.*
>
> *So entstehen aufgrund winziger vertrauter Codes ganze erlebte Geschichten als Erinnerung. Ein solches Gedächtnis macht das Leben nicht nur reicher und schöner, sondern war in der Evolution überlebenswichtig. Das System der über mehrere Sinne verteilten Gedächtnisassoziationen erlaubte es schon unseren Vorfahren, sich etwa die drohende Ankunft eines Löwen vorzustellen. Als Code reichte dem geübten Gehirn ein Fußabdruck im Sand, das Rascheln eines Buschs oder ein typischer Geruch im Wind – auch wenn das Raubtier selbst noch verborgen war.*

Die Motive kommen über kulturelles Lernen in das Markennetzwerk

Das ganze Markennetzwerk – sei es noch so gut in den Köpfen der Kunden verankert, sei es noch so stark und mit viel Geld in die Köpfe hineingetragen – ist wertlos, wenn der Anschluss an die Motive fehlt. Das Netzwerk alleine, die reine Reizkonditionierung, löst kein nachhaltiges Verhalten aus. Die (kauf-)entscheidende Frage lautet deshalb weder – wie es einige Markenmodelle nahe legen –, ob die Farbe Gelb von 76 Prozent der Kunden erinnert und der richtigen Marke zugeordnet wird, noch ob die Marke diese Farbe alleine besitzt. Denn wenn die Farbe Gelb nicht relevant ist, nicht an ein Motiv anschließt, ist alles Werbegeld verschwendet. Es reicht auch nicht aus zu wissen, wie viele Kunden mit meiner Marke den einen bestimmten Duft verbinden, sondern ich muss wissen, was dieser Duft für meine Kunden bedeutet. Ich muss wissen, mit welchem Duft ich das *relevante Motiv* anspreche!

Wie aber sind nun die Motive an die Markennetzwerke angeschlossen? Das folgende Schaubild soll dies verdeutlichen:

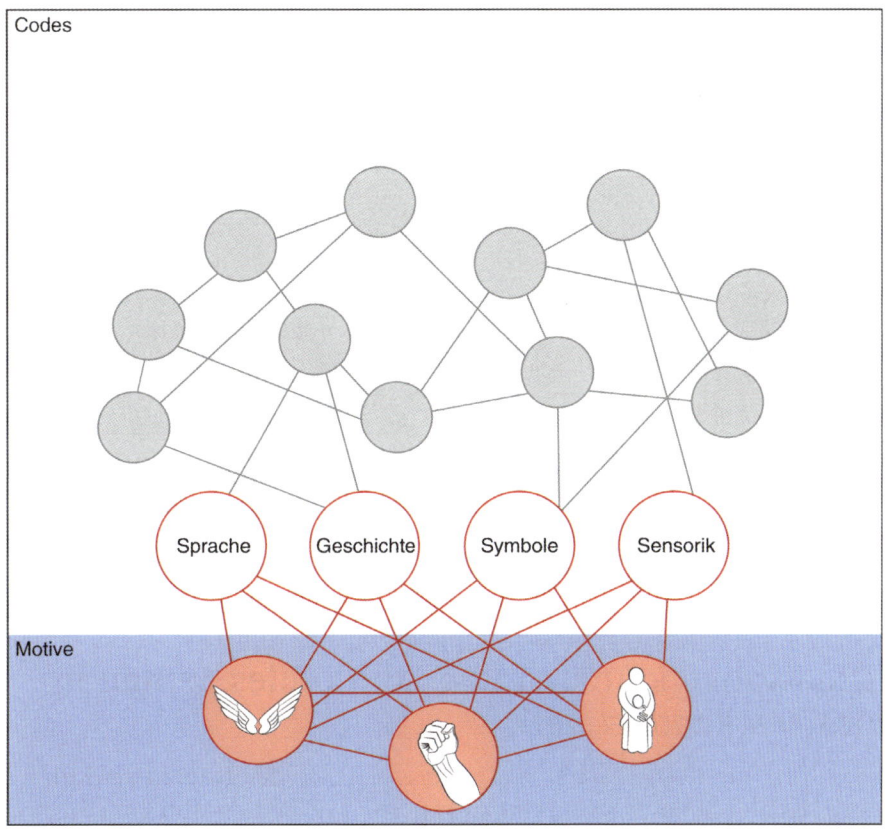

Abbildung 6.3: Die Motive liegen tief im Autopiloten verborgen und wirken von dort aus auf das Verhalten. Nur die für die Motive relevanten Codes werden an diese angeschlossen und damit wirksam.

Die Verbindung von einem Code zu einem Motiv kann nicht durch Markenkommunikation aufgebaut werden. Diese Verbindungen bestehen entweder oder sie bestehen nicht. Die Bedeutung des Codes „Dreimaster" wurde nicht durch die **Beck's-Werbung** gelernt. Der Dreimaster hatte zuvor schon Bedeutung. Diese Verbindungen zwischen den Codes und den Motiven sind implizit durch die Sozialisierung entstanden – sie sind kulturell gelernt. Man kann in der Kommunikation also nur Verbindungen zu den Motiven nutzen, die bereits gelernt wurden. Markenkommunikation kann Codes miteinander verbinden, zum Beispiel die lila Farbe mit der Kuh. Aber die Verbindung der Codes zu den Motiven muss in der Zielgruppe, der Herde, der Kultur bereits angelegt sein.

> *Erfolgreiche Markenkommunikation nutzt Codes, die durch kulturelles Lernen in der Zielgruppe an die für eine Marke relevanten Motive angeschlossen sind.*

Was bedeutet das für die Markenkommunikation? Das Markennetzwerk besteht nicht nur aus den Codes, sondern auch aus den Motiven, die mit den Codes verbunden sind. Es gilt also genau diejenigen Codes zu identifizieren, die mit den relevanten Motiven verbunden sind. Zum Beispiel ist der Code „Dreimaster" mit dem Erregungsmotiv verbunden – er steht für „Abenteuer" und „Expedition" – und ist deshalb ein besonders relevanter Code des Markennetzwerks von **Beck's**. Denn wie wir gesehen haben, ist es genau das Erregungsmotiv, das bei der Zielgruppe der jungen Erwachsenen besonders aktiviert ist. Der Code „Dreimaster" bildet damit die Brücke zum Motiv. Für das Marketing bedeutet das: Die Stärke einer Marke hängt davon ab, wie viele Codes in ihrem Markennetzwerk mit den relevanten Motiven in der Zielgruppe verbunden sind. Je mehr Codes eine Verbindung zu den Motiven haben, desto bedeutsamer ist die Marke.

Markennetzwerke müssen sich vom Wettbewerb unterscheiden

Nun gilt es nicht nur, ein Netzwerk von Codes in den Köpfen der Kunden aufzubauen und sicherzustellen, dass diese mit für die Zielgruppe relevanten Motiven verknüpft sind. Das Markennetzwerk muss sich auch von denen der Wettbewerber unterscheiden. Dazu gibt es zwei Ansätze:

1. Kontrast: Die Codes unterscheiden sich von denen des Wettbewerbs.

2. Differenzierung: Die Codes sprechen unterschiedliche Motivprofile an.

Erst der Kontrast: Was ist darunter zu verstehen? Der Kontrast wird umso höher, je weniger Codes ich mit meinen Wettbewerbern teile. Schauen wir uns das folgende Beispiel an. Wie kontrastreich sind die Codes dieser zwei Anzeigen? Gar nicht. Würde man die Markenlogos in den beiden Anzeigen vertauschen, würden trotzdem beide funktionieren. Die Codes sind also austauschbar.

Abbildung 6.4: Anzeigen der Züricher Versicherung und der NRW-Bank.

Viele Werbeexperten beklagen die Austauschbarkeit von Werbekampagnen. **Jung/von Matt** nennen die folgenden typischen Klischees in der Werbung:

- Lachende Frau und Blumenstrauß = Frauenglück

- Schmuck und Herz = Liebe

- Weißhaariger Herr beim Angeln oder mit Enkel = sorgloses Alter

- Junge Leute mit altem amerikanischen Cabrio = jugendliches Angebot

- Kleines Kind auf dem Rücksitz eines Autos = Sicherheit

Der Preis für die Austauschbarkeit ist hoch. Wenn die von mir gesendeten Codes auch Teil der Netzwerke der Wettbewerber sind, besteht immer die Gefahr, dass ich für meinen Wettbewerber Werbung betreibe: Die so genannte „Trash rate" steigt. Je mehr Codes im eigenen Netzwerk mit anderen geteilt werden, desto diffuser ist die Marke! Nach hunderten von Code- und Netzwerkanalysen wissen wir: weit mehr als ein Drittel der Werbung aktiviert Wettbewerbs-Netzwerke!

> *Austauschbare Codes aktivieren immer auch die Netzwerke der Wettbe-*
> *werber oder gar ganz anderer Marken. In jedem Fall ist das Ergebnis Wir-*
> *kungsverlust und Verwässerung der eigenen Marke. Markenkommunika-*
> *tion muss deshalb kontraststarke Codes nutzen.*

Aber es geht auch anders. Das folgende Beispiel der **ABN Amro Bank** ist hingegen eine kontrastreiche, nicht austauschbare Umsetzung einer Finanzwerbung.

Abbildung 6.5: Anzeige der ABN Amro Bank.

Die Anzeige besteht – lassen wir einmal die Sensorik außer Acht – aus einem Symbol (Backstein) und einem sprachlichen Code („Skyscraper"). Die implizite Botschaft lautet „Wachstum". Diese Anzeige nutzt also die Kraft des Gehirns, implizite Codes intuitiv zu erkennen und diesen Codes eine Bedeutung zuzuweisen – ohne explizite Argumente und deshalb extrem effizient. Dieses Beispiel zeigt aber auch, dass Kontrast nichts mit lautem Schreien und „Auffallen um jeden Preis" zu tun hat. Es geht vielmehr um kreative Wege, implizite Codes einzusetzen.

Kontrast kann aber auch durch den Einsatz bislang ungenutzter, aber bedeutsamer symbolischer Codes entstehen, wie das Beispiel der **BMW-Kampagne** mit Kermit, dem Frosch, zeigt. Kermit steht für Freude und Spaß und passt damit zum Markenkern von **BMW**. Der eigentliche Mehrwert von Kermit ist aber seine Kontraststärke.

Abbildung 6.6: BMW-Kampagnen für den BMW 1er und für xDrive.

> *Erfolgreiches Marketing stellt sicher, dass die verwendeten Codes eindeutig sind, das heißt nicht mit anderen Markennetzwerken geteilt werden.*

Dabei ist nicht nur der Kontrast zur eigenen Branche wichtig, sondern der Kontrast zu allen in den gleichen Medien auftretenden Werbetreibenden. Die Markennetzwerke der Wettbewerber einer Produktkategorie teilen sich naturgemäß schon viele der Codes – vor allem der expliziten. Alle Banken sind „sicher". Die Produkteigenschaften gleichen sich, der Produktnutzen ist ebenfalls sehr ähnlich. Gerade deshalb sind die impliziten Codes und deren Bedeutung so wichtig.

Übung: *Überlegen Sie sich, ob die Codes in Ihren Werbemitteln kontrastreich sind, zum Beispiel indem Sie die Codes mit den Anzeigen Ihrer zwei wichtigsten Wettbewerber vergleichen.*

Neben den Codes – dem Wahrnehmbaren – unterscheiden sich die starken Marken hinsichtlich ihres Motivprofils, also danach, welche Motive sie durch die Codes ansprechen. Wir haben bei **Beck's** und **Jever** gesehen, dass **Beck's** sich auf dem Erregungsmotiv positioniert, wohingegen **Jever** sich auf der Spannung zwischen dem Autonomie- und dem Sicherheitsmotiv positioniert.

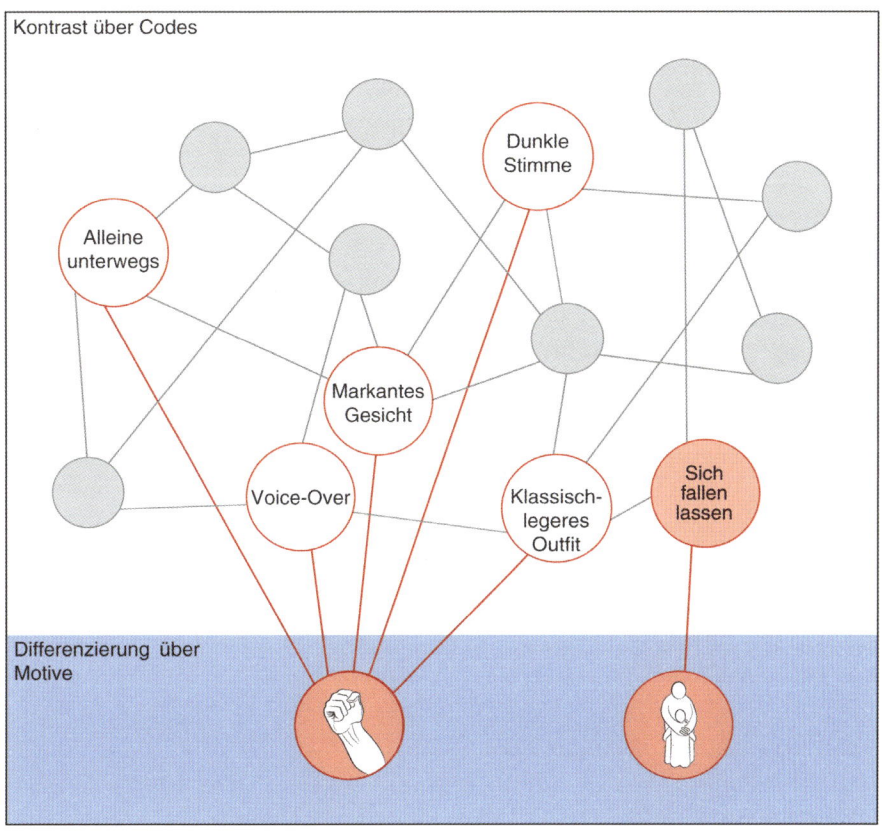

Abbildung 6.7: Jever differenziert sich auf Motivebene vom Wettbewerb durch die gleichzeitige Ansprache der Motive Sicherheit und Autonomie. Für die Ansprache des Sicherheitsmotivs ist der Code „sich fallen lassen" aus dem TV-Spot entscheidend. Ohne diesen Code wäre das Motivprofil weniger komplex und differenzierend.

Werfen wir vor diesem Hintergrund noch einmal einen Blick auf die Anzeigen mit den Basketballmotiven. Sie sind wenig kontrastreich, aber sprechen ganz unterschiedliche Motive an: die Anzeige der **Züricher** spricht eher das Autonomiemotiv (hoch hinaus wollen, hohe Ziele setzen) und die Anzeige der **NRW Bank** das Sicherheitsmotiv (Hilfe bekommen).

> *Erfolgreiche Kommunikation braucht beides: den Kontrast in den Codes und die Differenzierung in den Motivprofilen.*

Der Markenkern zählt

Welche von drei Anzeigen sollen wir schalten? Welches Mailing ist besser? Sollen wir Sponsor der neuen Handy-Soap-Opera werden oder nicht? Sollen wir ein eigenes Kundenmagazin machen? Wie sollen wir die neuesten Agenturvorschläge bewerten? Welche Strategie ist die beste und wie muss sie umgesetzt werden, damit sie langfristig meine Marke stärkt?

Für all diese Fragen ist es notwendig, genau zu wissen, was die Marke im Kern ausmacht. Welche Codes kontrastreich sind, welche an die Motive anschließen und wie das differenzierende Motivprofil aussieht. Dieser Teil des Markennetzwerks definiert den Markenkern, den es beizubehalten gilt. Codes, die nicht direkt mit einem Motiv verbunden sind und somit nicht im Kern die Marke definieren, können geändert werden. Vorschnelle Änderungen von Codes, die für den Anschluss an die relevanten Motive notwendig sind, führen zur Markenerosion, die Marke wird für die Kunden weniger bedeutsam, sie verliert an Wert.

Der Markenkern enthält dabei bei weitem nicht nur die Dinge, an die sich die Kunden erinnern, denn wie wir nun wissen, sind die meisten der wirklich relevanten Codes implizit, das heißt nicht bewusst in einer Befragung zur Erinnerung abrufbar. Dabei ist der Markenkern ein Muster, bestehend aus Codes und den Verbindungen zu den Motiven, das vom Konsumenten implizit wahrgenommen, gelernt und erkannt wird. Das funktioniert im Wesentlichen wie beim **Halle-Berry-Neuron**: Der Kunde erkennt spontan das Muster über die vielen Codes hinweg sowie die in diesem Muster übertragene Bedeutung.

Unser Gehirn ist auf die Erkennung von solchen Bedeutungsmustern angelegt.

Versuche zeigen, dass in völliger Dunkelheit nur einige Lichtpunkte an den Schultern, Ellbogen, Handgelenken, Hüften und Knien ausreichen, um zu erkennen, ob es sich um einen Mann oder eine Frau handelt. Mehr noch: Anhand einer solchen Notbeleuchtung können die meisten Menschen sofort ihren eigenen Lebenspartner identifizieren. Einige wenige Codes reichen also aus, um das Muster und seine Bedeutung zu erkennen. Niemand kann sagen, was an einer speziellen Bewegung typisch „meine Frau" ist. Wir entschlüsseln intuitiv die Bedeutung dieser wenigen Signale, können aber über diese Entschlüsselung selbst keine Auskunft geben. Das ist auch der Kern von Intuition: Sie basiert darauf, spontan die Bedeutung in Mustern zu erkennen.

> *Marken sind implizite Bedeutungsmuster. Der Markenkern definiert sich nur durch Codes, die Anschluss an die Markenmotive haben. Das daraus entstehende Bedeutungsmuster ist die Basis für die Markenführung.*

Welche Codes und welches Motivprofil zum Markenkern gehören, ergibt sich nur aus einer detaillierten Analyse aller Markenkontaktpunkte. Diese Analyse beschreiben wir in Kapitel 8 ausführlich. An dieser Stelle können wir festhalten, dass der Markenkern – also das Muster aus Codes und Motiven – die Grundlage für die Steuerung und Umsetzung der Markenkommunikation ist. Dieses Bedeutungsmuster aus Codes und Motiven ist es letztlich, was die Werber **Jung /von Matt** in folgender Aussage meinen:

> *„Hier liegt die Herausforderung der Zukunft für uns alle: Das Erschaffen, sorgsame Aufbauen und konsequente Pflegen einer Markentypik, die weit über das Formale hinausgeht."* (Jung/von Matt, 2004, S. 154)

Durch die Erkenntnisse der Hirnforschung können wir nun also genauer eingrenzen, was diese Markentypik ausmacht: Das Muster der für die Marke einzigartigen, expliziten und vor allem impliziten Codes und ihre Verbindung mit den Motiven.

Wie das Gehirn Muster implizit lernt

Im Gehirn existieren spezielle Strukturen, die sich auf die Bedeutungs- und Mustererkennung spezialisiert haben, allen voran die Basalganglien. Sie sind im Zusammenspiel mit dem Gedächtnis (Hippocampus) für das implizite Lernen und Erkennen der Muster zuständig.

Den Hippocampus haben wir im Verlaufe des Buchs schon mehrfach angetroffen, er ist eine der zentralen Schaltstellen für das Einspeichern sowie Abrufen von Mustern und Bedeutungen. Lange galt der Hippocampus als eine Gehirnstruktur, die beim Menschen nur das bewusste Lernen vermittelt. Heute wissen wir: Er ist auch beim unbewussten, impliziten Lernen von Mustern beteiligt.

Die Basalganglien liegen tief im Gehirn verborgen. Ihre Aufgabe besteht in der effizienten Mustererkennung. Sie sind die Basis für das, was wir als „In-

> tuition" erleben. Sie können auch komplizierte zeitliche Muster und Regeln erkennen und lernen, ohne dass dies dem Piloten bewusst wird. Die Basalganglien sind auch für die Entschlüsselung der Bedeutung nonverbaler Kommunikation verantwortlich, zum Beispiel von Wortklang oder Mimik. Gemeinsam sorgen Hippocampus und Basalganglien durch ihre Verbindungen zu vielen anderen Hirnstrukturen dafür, dass Menschen Muster und Bedeutungen von Codes mühelos, ohne Absicht und implizit lernen und erkennen können.

Der Markenkern muss angepasst werden

Die kontrastreiche und differenzierende Kombination aus Codes und Motiven bestimmt also den Markenkern, der in allen Kontaktpunkten umgesetzt werden muss. Wie wir aber auch gesehen haben, unterliegen die Bedeutungen der Codes einem ständigen Wandel. Das bedeutet, dass selbst wenn wir konsequent unseren Markenkern pflegen, sich die Bedeutsamkeit der Marke ändern kann. Hierzu ein Beispiel: Die Marke **Benson & Hedges** war in den 1970er Jahren eine der erfolgreichsten Zigarettenmarken. Der Grund dafür war unter anderem die goldene Verpackung. In den 70er Jahren war Gold en vogue – sehr viel stärker als heute. Anders als **Marlboro** konnte **Benson & Hedges** seinen Erfolg jedoch nicht aufrechterhalten, denn Gold hat mittlerweile seine Bedeutung als Code für Eleganz und Stil verloren. Wie können also Veränderungen des Markennetzwerks vorgenommen werden?

Wie Netzwerke verändert werden können und wie daraus ein neues Bedeutungsmuster entsteht, wollen wir am Beispiel Sekt und Prosecco genauer anschauen. Vereinfacht gesagt war Sekt früher und ist auch heute noch eher ein Produkt, das dem Sicherheitsmotiv zugeordnet werden kann. Sekt wird bei Feierlichkeiten ausgeschenkt, ist prickelnd, hat aber auch viel mit Tradition zu tun. Will oder muss man nun ein solches Getränk umpositionieren, müssen in das Netzwerk neue Codes integriert werden.

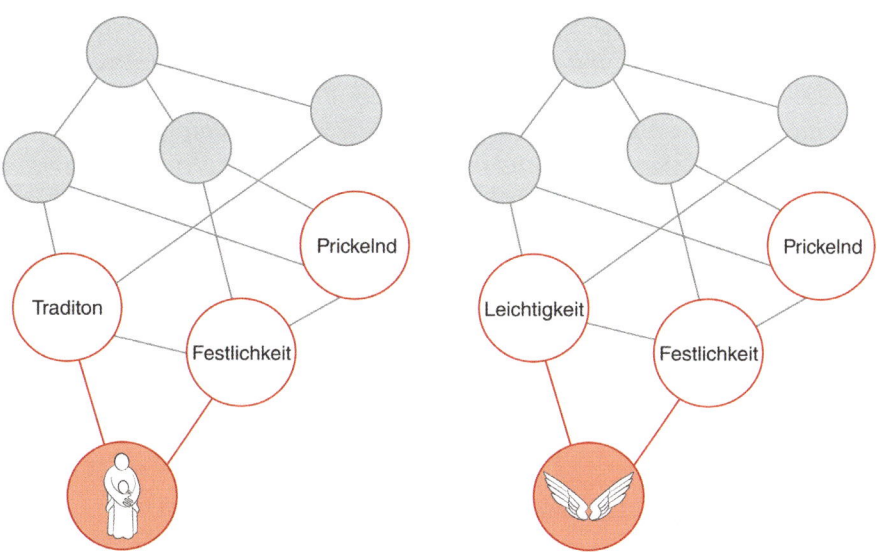

Abbildung 6.8: Die Netzwerke von Sekt (links) und Prosecco (rechts) sind sich sehr ähnlich. Dennoch reicht die Integration eines Codes aus, um eine völlig neue Bedeutung zu erzielen, vor allem durch den Anschluss an ein anderes Motiv.

Genau dies hat Prosecco getan. Prosecco hat die Codes für Tradition ausgetauscht und durch Codes ersetzt, die eher für Leichtigkeit stehen. Zum Beispiel wurde in der Werbung ein Picknick gezeigt statt einem traditionellen Kontext. Zusammen mit den „prickelnden" Eigenschaften und der Festlichkeit entsteht dadurch ein neues Muster, das mit dem Erregungsmotiv – Spaß und Freude haben, feiern – verbunden ist. Man hat also durch die Veränderung der Codes ein ganz anderes Bedeutungsmuster entstehen lassen. Für die Markenführung bedeutet das, dass ich über die Codes die Möglichkeit habe, an andere Motive anzuschließen, und damit meinen Markenkern systematisch verändern kann.

> *Die Bedeutung von Marken wird systematisch verändert, indem neue Codes in das Markennetzwerk integriert werden. Voraussetzung ist aber, dass die neuen Codes an die relevanten Motive anschließen. Ohne diese Verbindung sind die Codes nicht relevant.*

Eine weitere Möglichkeit, Netzwerke nachhaltig zu verändern: Codes einzusetzen, die eigentlich zu einer anderen Produktkategorie gehören. **Häagen-Dazs** hat dies erfolgreich getan, indem sie ihr Eis durch die Markenkommunikation an die Kategorie „Naschen" angeschlossen haben. Das Ergebnis: **Häagen-Dazs** ist im Wesen eigentlich kein Eis, es ist mehr eine Praline oder eine edle Schokolade. **Häagen-Dazs** hat den für ein Eis typischen Code „Frische" nicht in seinem Netzwerk – das ist der Grund dafür, dass **Häagen-Dazs** selbst im Winter gekauft wird. Auch der Prozess der Markteinführung war anders als beim Wettbewerb. Zuerst gab es die Geschäfte – und erst dann kam das Eis in die Supermärkte. Dadurch wurde das Produkt zusätzlich zu der Einzigartigkeit der Sorten mit Exklusivität aufgeladen.

FAZIT:

1. Das Markennetzwerk umfasst die Codes und die Motive.

2. Es gibt zwei Ansätze, um sich vom Wettbewerber zu unterscheiden: andere Codes nutzen (Kontrast) und ein anderes Motivprofil ansprechen (Differenzierung). Starke Marken tun beides.

3. Der Markenkern besteht aus einem einzigartigen Muster aus Codes und Motiven. Diesen Markenkern gilt es zu managen.

VII. Information Overload und Low Involvement – wie Werbung dennoch wirkt

Wir haben gelernt, wie Kommunikation wirkt und wie wir die Marke in der Kommunikation steuern können. Nun müssen wir uns der Herausforderung stellen, wie unsere Botschaften beim Kunden trotz Reizüberflutung ankommen. Tatsächlich gilt ja der „Kampf um die Aufmerksamkeit" der Kunden als das zentrale Problem im Marketing und speziell der Werbung des 21. Jahrhunderts. Was also sagt das Neuromarketing zu diesem Problem?

Der Information Overload

Schauen wir uns zunächst einige Zahlen an, um die Situation zu verdeutlichen:

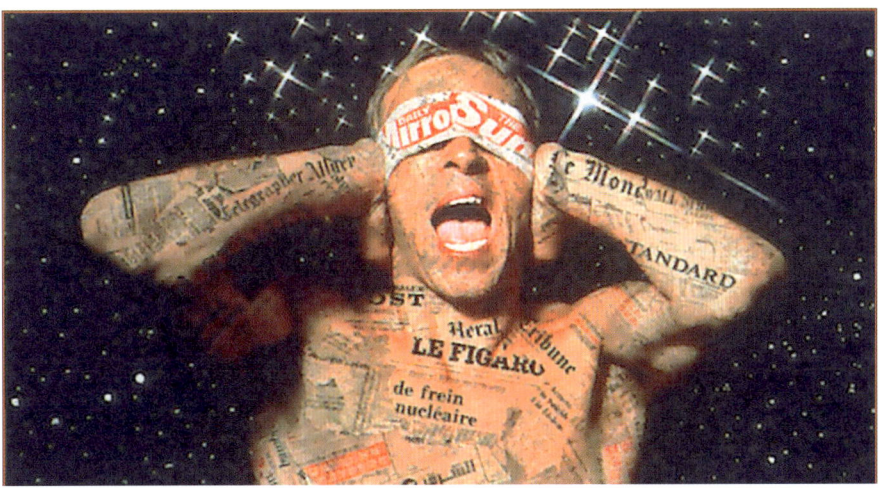

Abbildung 7.1: Information Overload – täglich werden Kunden mit über 3.000 Werbebotschaft konfrontiert.

- Alleine in Deutschland werden über 50.000 Marken aktiv beworben.

- Der Supermarkt „um die Ecke" führt im Durchschnitt 10.000 Artikel.

- Jedes Jahr kommen 26.000 neue Produkte auf den Markt.

- Allein auf der Frankfurter Buchmesse werden jährlich 75.000 neue Bücher vorgestellt.

- 500 Millionen Websites wollen besurft werden.

Und dann sind da noch die über 3.000 Pro-Kopf-Werbebotschaften durch jährlich 350.000 Printanzeigen, 2 Millionen Werbespots, die Mailings, Plakate, Online-Banner und Events, die um die Gunst der Kunden buhlen. Wie selektiv wir mit unseren Ressourcen umgehen, haben wir bereits beschrieben. Das Streben unseres Gehirns nach Effizienz drückt sich auch in folgenden Zahlen zur Dauer eines durchschnittlichen Werbemittelkontaktes aus:

- Anzeige in Publikumszeitschriften: 1,7 Sekunden,

- Anzeige in Fachzeitschriften (zum Beispiel Ärzte): 3,2 Sekunden,

- Plakat: 1,5 Sekunden,

- Mailing (erster Relevanzcheck): 2 Sekunden,

- Banner: 1 Sekunde.

Diese Situation wird häufig als Information Overload bezeichnet. Da ist die Rede von Reizüberflutung, „Consumer Confusion" und anderen Begriffen. Die Schlussfolgerungen sind vielfältig und reichen von „Die Konsumenten sind überfordert", „Konsumenten interessieren sich nicht für Werbung" bis hin zu „Werbung wirkt nicht". Alle diese Sichtweisen werden unter dem Begriff „geringes Involvement" (low involvement) zusammengefasst. Mit Involvement ist die Bereitschaft gemeint, sich mit einem Thema zu befassen. Die Forscher gehen davon aus, dass 95 Prozent aller Werbemittelkontakte heute Low-Involvement-Kontakte sind.

Werbung wirkt trotzdem

In einer Umfrage der Beratungsfirma **Cap Gemini Ernst & Young** bei amerikanischen Verbrauchern im Jahr 2003 sagten 82 Prozent, dass Werbung sie beim Autokauf nicht beeinflusse. Daraus schlossen die Berater, dass Autowerbung Geldverschwendung sei. Das ist aber aus zwei Gründen die völlig falsche Schlussfolgerung. Erstens merken Kunden meistens nicht, ob und wann sie Werbung beeinflusst. Denn sie lernen Werbung und Marken – genau wie die meisten anderen Dinge des Alltags auch – implizit. Zweitens

wirkt Werbung auch kostenintensiver Produkte wie einem Auto viel subti-
ler, als wir das in einer Befragung vielleicht vermuten würden. Die Befragung spricht nämlich immer mit dem Piloten. Wir haben aber gesehen, wie
wenig der Pilot eigentlich über das Bescheid weiß, was Kunden wirklich antreibt. Die durch eine Befragung des Piloten erhobene Meinung der Kunden ist tatsächlich nur wenig aussagekräftig, denn die Menschen wissen in
der Regel nicht, was Werbung – speziell die impliziten Codes – in ihnen auslöst.

> *Die Wirkung von Werbung kann nur sehr eingeschränkt durch herkömm-*
> *liche Konsumentenbefragungen erfragt werden. Die durch Markenkom-*
> *munikation entstehende Bedeutung der Marken ist den Kunden nicht*
> *explizit bewusst.*

Tatsächlich hängt die Wirkung von Werbung nicht unbedingt von der aktiven und konzentrierten Aufmerksamkeit ab. Hätten wir nur die 40 Bits zur
Verfügung, würde der Begriff „Reizüberflutung" sicher zutreffen. Aber wir
haben ja noch weitere 10.999.960 Bits pro Sekunde! Der Autopilot nutzt dabei, wie wir gesehen haben, hocheffiziente, implizite Verarbeitungsmechanismen und strebt im Unterschied zum Piloten immer nach voller Auslas-
tung.

Der bekannte Hirnforscher **Manfred Spitzer** formuliert das so:

> *„Wir nehmen zwar nicht immer alles wahr, aber wir sind nicht in der Lage,*
> *unser Wahrnehmungssystem daran zu hindern, immer so viel wie möglich*
> *wahrzunehmen."* (Spitzer, M., 2002, S. 146)

Die Evolution hat unser Gehirn also nicht mit einer so mächtigen Sensorik
ausgestattet, nur um den Großteil der Informationen „auf die Müllhalde zu
kippen". Das Gehirn nutzt diese Informationen vielmehr, um uns durch
den Alltag zu bringen und ohne Unterbrechung implizit zu lernen.

Wir sind deshalb extrem effiziente Muster- und Bedeutungsexperten. Der
Befund, dass nur noch acht Prozent der Fernsehspots erinnert werden, sagt
also noch nichts darüber aus, wieviel wirklich im Gehirn der Betrachter
verarbeitet wird. Vor dem Hintergrund, dass der Pilot nur fünf Prozent unseres Verhaltens ausmacht, wird sein Einfluss und damit auch der der bewussten Werbeerinnerung maßlos überschätzt.

153

Low Involvement ist nicht Desinteresse

Auch das geringe Involvement in Werbung und Konsum wird oft fehlinterpretiert. Es wird ausgelegt als geringes Interesse, als geringe Bedeutsamkeit von Produkten, Marken und Markenkommunikation. Wir haben aber gesehen, dass Produkte und Marken für unser soziales Miteinander die wichtigen Funktionen Abgrenzung und Zugehörigkeit übernehmen. Auch motivational spielen Produkte und Marken eine große Rolle. Wie sonst sollen Kunden im heutigen Alltag ihre Motivkonten wieder ins Gleichgewicht bekommen? Wie sollen sie außerhalb ihrer Sozialkontakte ein Minus an Geborgenheit aufladen, wenn nicht durch oder über Produkte und Marken?

Wie plausibel ist es dann, dass gerade die Kommunikation nicht relevant sein sollte, die diese Produkte und Marken erst mit Bedeutung auflädt? Woher bekomme ich meine Energie an einem langen Tag, wenn ich nicht durch Werbung gelernt habe, dass genau jetzt ein **Lion-Riegel** mein Motivkonto auffüllen kann? Low Involvement als Desinteresse zu interpretieren ist vor dem Hintergrund der großen Bedeutung von Marken und Produkten im Alltag grob fahrlässig, ganz abgesehen davon, dass dieser Denkansatz wenig hilft, die Markenkommunikation zu optimieren.

Das mag radikal klingen, hat man doch Sätze wie „Ich schaue keine Werbung" oder „Ich habe mich noch nie von Werbung leiten lassen" schon tausendmale gehört. Der Zukunftsforscher **Matthias Horx** hat in diesem Zusammenhang eine interessante Unterscheidung gemacht. **Horx** teilt Konsumenten in Pro-Sumer und No-Sumer ein und meint damit, dass sich Menschen darin unterscheiden, wie relevant Konsum für sie ist. Aber auch die No-Sumer nutzen den Konsumverzicht zur sozialen Abgrenzung und zur Befriedigung ihres Autonomiemotivs! Um gegen etwas zu rebellieren, muss es in uns stecken. Wir teilen die gleichen Bedeutungen, auch wenn sie für uns unterschiedlich relevant sein können. Halten wir also fest: Produkte und Marken sind zu wichtig, als dass wir von einem Desinteresse der Kunden ausgehen können. Und wie wir gesehen haben, ist ein Interesse immer gegeben, so lange die in der Markenkommunikation genutzten Codes bedeutsam sind und an relevante Motive anschließen.

Das Entscheidende ist, dass Markenkommunikation auf aktivierte Motive trifft. Dies geschieht entweder, weil ein Motiv gerade im Ungleichgewicht ist (State) oder weil das Motiv persönlichkeitsbestimmend (Trait) ist. Nur wenn das nicht gegeben ist, sollten wir von Desinteresse und geringer Relevanz sprechen. Neben diesem motivationalen Aspekt kann Low Involvement auch bedeuten, dass Kunden der Markenkommunikation wenig Aufmerksamkeit schenken. Wie die eingangs zu diesem Kapitel erwähnten Zahlen belegen, ist das tatsächlich der Fall: Werbung ist Sekundenkommunikation. Den motivationalen Aspekt, also den Anschluss der Codes an aktivierte Motive, können wir steuern, zum Beispiel über die Art der Codes und den Zeitpunkt, wann wir sie kommunizieren. Wie aber gehen wir nun mit der geringen Aufmerksamkeit der Kunden um?

> *Werbung ist für Kunden wichtig. Erst wenn durch Markenkommunikation die Marken und Produkte mit Bedeutung aufgeladen werden, können sie die Motive regulieren. Nur dann entfalten Marken und Produkte ihren Mehrwert.*

Kommunikation wirkt implizit

Aufgrund der motivationalen Relevanz von Produkten und Marken kann jeder Werbekontakt prinzipiell wirken. „Verschwendung" erfolgt nur dann, wenn ein Code nicht eindeutig mit einem Motiv verbunden ist oder nicht eindeutig einem Markennetzwerk zugeordnet werden kann. Es kommt also darauf an, welche Codes gesendet werden.

Aber wie funktioniert jetzt Markenkommunikation bei geringer Aufmerksamkeit? Die Antwort lautet: implizit! Klar ist: Bei den 40 Bits, die unser Bewusstsein verarbeitet, werden die meisten Markensignale nicht über den Piloten verarbeitet, sondern über den Autopiloten und seine fast 11 Millionen Bits. Deshalb können Kunden auch viele Dinge, die sie über die Markenkommunikation lernen, nicht bewusst abrufen. Diese Botschaften sind implizit gelernt und damit über eine Befragung herkömmlicher Art, etwa ob wir uns an einen Fernsehspot erinnern, nicht abrufbar. Wenn also über die sinkende Markenerinnerung in der Fernsehwerbung gesprochen wird, dann müssen wir sehr vorsichtig sein, wie wir diese Erinnerungswerte interpretieren. Denn die bewusste Erinnerung an einen Fernsehspot oder die beworbene Marke macht nur einen Bruchteil dessen aus, was das Gehirn tatsächlich aufnimmt und verarbeitet. Im nächsten Kapitel zeigen wir, wie man die tatsächliche, implizite Wirkung von Werbung erfassen kann.

Werbung wirkt auch im Vorbeigehen

Dass implizite Kommunikation wirkt, hat der Psychologe **Stewart Shapiro** in einem beeindruckenden Experiment gezeigt. Probanden sollten einen Text lesen, der über einen Computerbildschirm lief. Gleichzeitig mussten sie dem Text mit der Computermaus folgen. Man kann sich vorstellen, wieviel Konzentration das erforderte. Die 40 Bits ihres Piloten waren durch das Folgen mit der Computermaus und dem Lesen des Textes vollständig aufgebraucht. Während der Text in der Mitte des Bildschirms durchlief, wurden am linken Bildschirmrand kurz Werbeanzeigen eingeblendet. Die Probanden konnten sich auf Nachfrage nicht mehr an die eingeblendeten Anzeigen erinnern, hatten keine bewusste Erinnerung.

Sie wurden dann gebeten, in einer simulierten Kaufsituation Produkte auszuwählen. Die Probanden wählten dabei signifikant häufiger diejenigen Produkte, die in den Anzeigen beworben worden waren, obwohl keine Erinnerung daran vorhanden war.

Die beiläufige Beachtung von Werbung hatte also auch ohne die bewusste Erinnerung an den Kontakt mit der Werbung einen Einfluss auf die spätere Kaufentscheidung. Sie wirkt implizit. Der Autopilot hat die Anzeige verarbeitet, auch wenn dies dem Piloten nicht bewusst war.

Die implizite Wirkung von Kommunikation zeigt sich auch in der folgenden Untersuchung. In einen Werbeblock wurde eine **Dove-Anzeige** integriert und nur für drei Sekunden eingeblendet. Anschließend wurden den Probanden mehrere Einkaufsregale gezeigt, darunter auch eines mit Körperpflegeprodukten. Der implizite Effekt der Anzeige konnte mit Aufmerksamkeits-Analysen nachgewiesen werden: Probanden, die die Anzeige im Werbeblock gesehen hatten, haben die **Dove-Verpackung** im Regal signifikant stärker beachtet, auch wenn sie diese nicht bewusst erinnern konnten. Die Anzeige hat also das **Dove-Netzwerk** eindeutig, aber implizit, aktiviert und dadurch einen Lerneffekt bewirkt.

Abbildung 7.2: Die Anzeige im Werbeblock beeinflusst implizit die Wahrnehmung des Kunden am virtuellen Regal. Durch ein solches Testverfahren kann die implizite Wirkung von Markenkommunikation gemessen werden.

Mit Werbemittel-Kontakt

Ohne Werbemittel-Kontakt

Abbildung 7.3: Die Anzeige im Werbeblock beeinflusst implizit die Wahrnehmung des Kunden am virtuellen Regal. Durch ein solches Testverfahren kann die implizite Wirkung von Markenkommunikation gemessen werden

Implizite Wirkung wird unterschätzt

Die Bedeutung impliziter Werbewirkung wird bislang vernachlässigt. Das ist erstaunlich, sind sich die meisten Experten doch einig, dass Werbung eben gerade nicht hoch konzentriert verarbeitet wird. Wenn die impliziten Lernvorgänge und Beeinflussungen so mächtig sind, warum wurden sie bislang so wenig berücksichtigt? Ein Grund liegt in der Annahme des Homo oeconomicus. Danach können diese impliziten Prozesse uns nicht beeinflussen, sondern eben nur die rationalen, expliziten und sprachlichen Argumente in der Werbung.

Auch in der Marktforschung gehen viele davon aus, dass Werbung nur dann wirkt, wenn sie bewusst erinnerbar ist. Über 95 Prozent aller Werbetests basieren auf der Idee, Menschen nach der Wirkung von Werbung zu fragen, beispielsweise ob sie sich an einen Werbespot erinnern.

> *Werbung wirkt. Aber vor allem implizit, also unbewusst.*

Nur weil die Konsumenten sich an eine Werbung nicht explizit (verbal) erinnern können, heißt das nicht, dass sie die Werbung nicht implizit verarbeitet haben und die darin angelegten Codes ihre volle Wirkung entfalten. Die explizite Erinnerung als Erfolgsmaß von Werbung ist also unzureichend. Codes müssen eben nicht erst bewusst beachtet werden, bevor sie wirken können. Sie können wirken, ohne bewusst gesehen zu werden – eine implizite Verarbeitung reicht aus.

Die versteckte Kraft der Werbung

*Der britische Werbexperte **Robert Heath** hat mit seinem Buch „The Hidden Power of Advertising" (Die versteckte Kraft der Werbung) kürzlich international für Aufregung gesorgt. Als einer der ersten Marketingexperten hat **Heath** die neuen Erkenntnisse der Hirnforschung herangezogen, um die Wirkung von Werbung zu untersuchen. Seine Kernaussage ist, dass Werbung auch und vor allem über implizites Lernen wirkt. Diese Lernvorgänge sind nach **Heath** dann besonders wirksam, wenn sie so genannte somatische Marker beinhalten. Damit sind emotionale Etiketten gemeint, die das Gehirn an Botschaften heftet, die emotional relevant sind. Werbung muss also, so **Heath**, Botschaften senden, die implizites Lernen ermöglichen und eine (unbewusste) emotionale Etikettierung auslösen. Dieses Modell ist kompatibel mit dem Ansatz, den wir in diesem Buch beschreiben. Die emotionale Etikettierung erfolgt, wenn Codes die unbewussten Motive in unseren Köpfen ansprechen. Das implizite Lernen ist möglich, weil die Codes implizite Bedeutung kommunizieren, also kein Nachdenken voraussetzen und den Autopiloten direkt ansprechen.*

Es gilt nun, diese Tatsache auch in der Marketingpraxis umzusetzen. Denn wenn 95 Prozent der Werbemittelkontakte Low-Involvement-Kontakte sind, dann sind 95 Prozent der Werbewirkung implizit. Und genau diese implizite Wirkung gilt es zu steuern und zu messen. Nun heißt es, diese Erkenntnisse in die Praxis umzusetzen.

FAZIT:

1. Solange die Markenkommunikation durch ihre Codes an die Motive anschließt, ist ein Mindestmaß an Relevanz vorhanden, um Wirkung zu erzielen. Der motivationale Aspekt von Involvement ist also über die Codes steuerbar.

2. Die geringe Aufmerksamkeit der Kunden, der zweite Aspekt von Low Involvement, ist Fakt. Werbung wirkt aber vor allem implizit. Um diese Chance zu nutzen, muss die Markenkommunikation vor allem die impliziten Codes bewusst einsetzen und richtig nutzen.

VIII. Brand Code-Management™ – vom Produkt zu den Motiven

Das Versprechen, das wir in der Einleitung zu diesem Buch gegeben haben, war, die Umsetzungslücke von der Strategie in die konkrete, wahrnehmbare Kommunikation anzugehen und mit Hilfe des Neuromarketings neu zu beleuchten. Was haben wir also bisher über dieses zentrale Problem der Markenkommunikation gelernt? Wir haben vier Codes identifiziert, mit denen wir unsere Botschaften systematisch umsetzen können. Neben den expliziten sind es vor allem die impliziten Codes, die den Unterschied ausmachen. Diese Codes schlagen die Brücke zwischen den Produkten auf der einen und den Motiven im Kunden auf der anderen Seite. Sie laden über diesen Brückenschlag Produkte und Marken mit Bedeutung auf. Wir haben darüber hinaus die fundamentale Frage beantwortet, was eine Marke im Kern ausmacht und was wir deshalb in der Kommunikation ändern und was wir beibehalten müssen. Mit diesem Wissen können wir nun den Schritt vom Produkt zur Überzeugung des Kunden verstehen und systematisch steuern. Wir haben die Umsetzungslücke geschlossen. Was jetzt noch fehlt, ist ein Managementprozess, der alles bislang Gelernte in eine Systematik bringt, die wir im Alltag effektiv nutzen können. Diesen Ansatz nennen wir „Brand Code-Management™".

Mit diesem Instrument übersetzen wir die Erkenntnisse des Neuromarketings in drei Prozessschritte, die es in der Praxis zu nutzen gilt, um Kommunikation zum Erfolg zu bringen.

Hinter dem Begriff Brand Code-Management™ verbirgt sich ein differenzierter und validierter Managementprozess vom Produkt bis hin zur Ausgestaltung aller Kontaktpunkte mit einer Marke, von der klassischen Werbung über die Filiale bis hin zu einzelnen Formularen. Wir haben das Brand Code-Management™-Instrument entwickelt, um die Erkenntnisse des Neuromarketings für die Marketingpraxis anwendbar zu machen. Ein wichtiges Ziel dabei ist es, die sogenannte Implementierungslücke zu schließen. Neben der Umsetzung von Markenstrategien in explizite und vor allem implizite Codes beinhaltet das Brand Code-Management™ eine *Implicit Toolbox™*, mit der wir implizite Wirkungen messen und damit weit über die Erfassung der expliziten Wirkung von Kommunikation hinausgehen.

> *Das Brand Code-Management™ ist ein Managementprozess zur systematischen Steuerung aller Markenkontaktpunkte, und zur unmittelbaren Umsetzung der Markenstrategie in für die Zielgruppe wahrnehmbare Codes und Markenerlebnisse.*

Codes: die Brücke vom Produkt zum Motiv

Das dem Code-Management zugrunde liegende Modell besagt, dass die Codes eine Brücke bilden zwischen den im Produkt angelegten Motiven und den Motiven im Kunden. Wie wir wissen, gibt es vier Arten von Codes. Entscheidend ist zu wissen, welche dieser Codes an welche der drei Grundmotive anschließen und wie kontrastreich und differenzierend die Codes zum Wettbewerb sind.

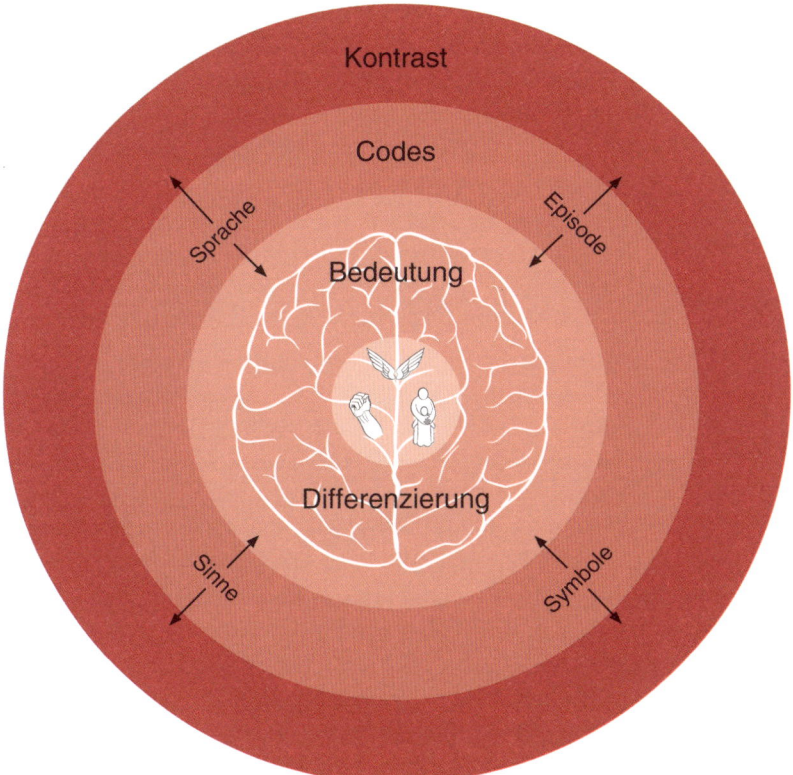

Abbildung 8.1: Die CodeMap™ bietet einen systematischen Überblick über die Erfolgsfaktoren der Markenkommunikation. Nur wenn die verwendeten Codes kontrastreich und differenzierend sind und über die kulturell gelernte Bedeutung an die Motive Anschluss finden,

kann Markenkommunikation erfolgreich sein.

Soweit das grundlegende Modell. Schauen wir nun, wie genau wir dieses Modell systematisch in die Praxis umsetzen können, um unsere Marken und die Kommunikation erfolgreich zu steuern.

Der Brand Code-Management™-Prozess

Welche Schritte sind zu beachten, um die Markenkommunikation in allen Kontaktpunkten nachhaltig zu steuern? Das Brand Code-Management™ besteht aus einem dreistufigen Prozess:

1. *Produkt-Audit*: Analyse des Produkts in Hinblick auf die Motive, das Produktdesign sowie die Wettbewerber,

2. *Marken-Audit*: Analyse des Markennetzwerks, der Codes und Motive sowie aller Markenkontaktpunkte und Definition der Zielgruppe,

3. *Wettbewerbs-Audit:* Analyse der Codes, Motive und Zielgruppen, die der Wettbewerb nutzt bzw. anspricht.

Diese drei Schritte können je nach Zielsetzung als kompletter Prozess oder als jeweils unabhängige Module einzeln umgesetzt werden. Auf dieser abstrakten Ebene könnte man nun sagen: Aber all das tun wir doch schon! Wir analysieren ja unser Produkt, unsere Marke und die der Wettbewerber. Was also ist das Besondere am Brand Code-Management™-Prozess? In Ergänzung zu den herkömmlichen Managementansätzen geht es hier vor allem darum, die konkreten Codes und damit die *implizite* Wirkung zu steuern. Dieser Prozess nutzt Tools und Verfahren, welche die Wirkung auf den Autopiloten analysieren. Das Brand Code-Management™ umfasst nicht nur die explizite, sondern vor allem die implizite Wirkung der Markenkommunikation. Denn die implizite Wirkung macht 95 Prozent der Gesamtwirkung aus und hier liegen die größten Potenziale für die Differenzierung vom Wettbewerb und die wirksame Kommunikation mit den Kunden. Schauen wir uns den Brand Code-Management™-Prozess also genauer an.

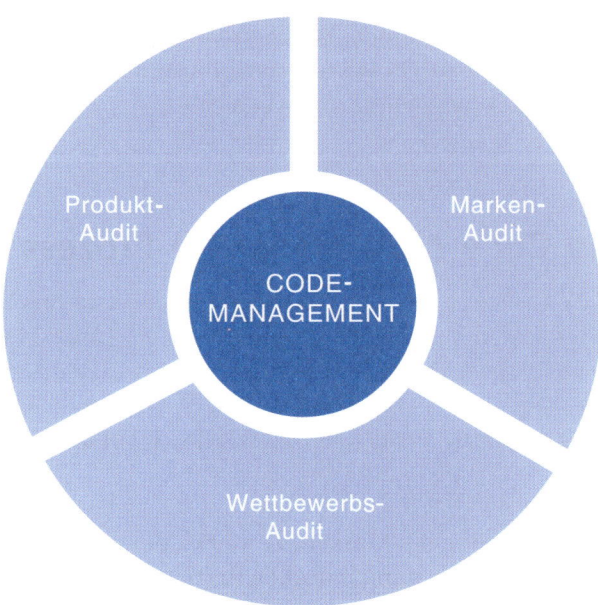

Abbildung 8.2: Der Brand Code-Management™-Prozess.

Produkt-Audit: implizite Wirkung schlummert im Produkt

Die Basis für den Erfolg ist immer das Produkt. Die Kommunikation kann noch so gut sein: Das Produkt fällt durch, wenn es die in der Kommunikation versprochene Wirkung nicht liefert, wenn es nicht in die Motive einzahlen kann. Dazu ein Beispiel: Der Fernsehspot für das **Chanel-Parfum Egoïste**, gedreht vom Werber **Jean-Paul Goude,** gehört zu den berühmtesten der Werbegeschichte: Die Frauen, die darin aus den Fenstern eines Luxushotels „Egoïste" brüllten, sorgten dafür, dass **Chanel** in einem Monat über eine Million Liter des Parfums verkaufte. Aber die Sache hatte einen Haken. Als die Kunden begannen, das Parfum zu tragen, kauften sie es nicht mehr. Der Geruch war zu stark und zu schwer. Nach dem ersten Erfolg entwickelte sich das Parfum zum Ladenhüter.

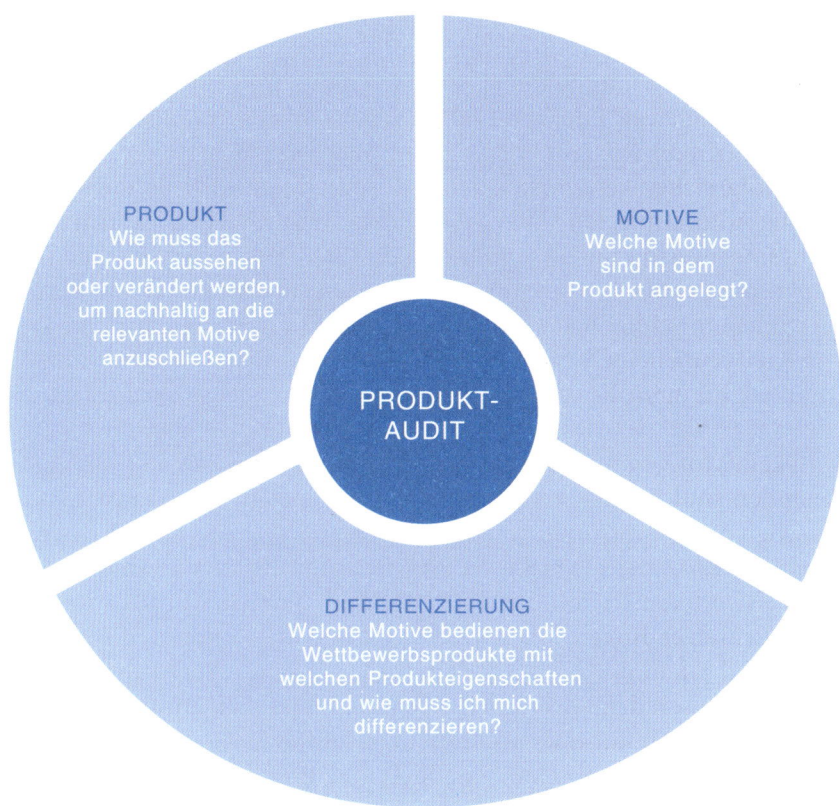

Abbildung 8.3: Das Produkt-Audit.

Umgekehrt gilt aber auch: Das beste Produkt ist nicht erfolgreich, wenn seine Bedeutung von den Kunden nicht gelernt wird. Das hat die Erfahrung von **Unilever** mit der „**4-Uhr-Suppe**" gezeigt. Die Kunden kauften die Suppe erst, als sie verstanden hatten, wann, wo, wie und warum man sie nutzen kann. Die im Produkt angelegten Motive machen also erst zusammen mit der Kommunikation – der konkreten Ausgestaltung in Codes – den Erfolg aus.

Schritt 1: Motivanalyse

Der erste Schritt im Produkt-Audit stellt die Frage: Welche Motive sind im Produkt selbst angelegt? Genau diese Motive dienen uns dann als Grundlage für die Kommunikation. Wir haben am Beispiel **Blackberry** gesehen, dass die E-Mail-Push-Technologie letztlich das Autonomiemotiv bedient –

immer vernetzt und informiert zu sein. Schauen wir uns ein Beispiel aus dem Finanzwesen an: das Kreditgeschäft. Angenommen, wir verkaufen als Bank Kredite an Unternehmen. Welche Motive sind in einem Unternehmenskredit angelegt? Ein Kredit zahlt zunächst in das Autonomiemotiv ein: Mit einem Kredit wollen Unternehmen wachsen, nach Höherem streben, noch erfolgreicher werden, sich besser durchsetzen und vieles mehr. All das bedeutet Autonomie. Ein Unternehmenskredit beinhaltet aber auch das Erregungsmotiv, denn mit einem solchen Kredit kann ein Unternehmen neue Projekte anschieben, aufregende Innovationen entwickeln und neue Märkte erschließen. Schließlich spielt aber auch das Sicherheitsmotiv eine Rolle, denn Kredite dienen ebenfalls dazu, Risiko abzusichern. Wir sehen: In allen Produkten können alle drei Motive mehr oder weniger stark angelegt sein.

Wenn kein Motiv im Produkt angelegt ist oder die Motive nicht stark genug vorhanden sind, wird es nicht funktionieren. Denn ohne Motive handeln Menschen nicht, Motive sind die Treiber unseres Verhaltens, auch des Kaufverhaltens. Kurz nachdem die Call-by-Call-Angebote (Vorwahlnummern zum preiswerteren Telefonieren) auf den Markt kamen, wurden auch so genannte **Preselect-Boxen** angeboten. Das waren kleine Boxen, die zwischen Telefon und Telefonbuchse geschaltet werden konnten. Sie hatten die Funktion, automatisch den günstigsten Telefonanbieter zu identifizieren, da die günstigste Vorwahlnummer von der Tageszeit und der Art des Gesprächs abhängig ist – eigentlich eine feine Idee. Der Produktnutzen liegt auf der Hand: Bequem, ohne lästiges Wählen der Preselect-Nummern kann man Geld sparen. Warum haben sich diese Boxen nicht durchgesetzt? Es fehlte der Anschluss an ein Motiv.

Noch schlimmer: Die Boxen wirkten dem eigentlichen Motiv der Vorwahlnummern entgegen, denn die Vorwahlen zahlen in das Autonomiemotiv ein – die Preselect-Boxen dagegen nicht. Mit einer Vorwahlnummer bin ich cleverer als andere, ich kontrolliere, welcher Anbieter mein Geld kriegt, statt nur an einen Anbieter gebunden zu sein, usw. Bei der Preselect-Box wird die Kontrolle aber an die Box abgegeben, das heißt die Produktnutzung zahlt nicht in die Kontrolle ein, nicht in die Autonomie. Im Gegenteil: Ich gebe die Kontrolle ja ausdrücklich ab. Was bleibt, ist der rechnerische, der rein rationale Preisvorteil, der sich aus dem Anschaffungspreis und der Ersparnis ergibt. Dies ist jedoch eine reine Pilotargumentation, ohne den notwendigen Anschluss an ein Motiv. Aber nur wenn das Produkt ausreichend starken Anschluss an die für eine Zielgruppe relevanten Motive in sich trägt, kann es erfolgreich sein.

Schritt 2: Produktanalyse

Die Produktanalyse klärt ab, wie das Produkt aussehen oder in seinen Eigenschaften verändert werden muss, damit es an die relevanten Motive anschließt. Das **Blackberry-Handy** zahlt durch die kantige Form und das Weglassen von unnötigen Dingen wie einer Kamera in das Autonomiemotiv ein. Beim **Blackberry** ist eine Kamera nicht notwendig, da sie in das Erregungsmotiv einzahlt und das für den **Blackberry-Nutzer** nicht relevant ist. Durch die Produktanalyse können wir also auch auf teure Funktionen verzichten, ohne den Erfolg zu mindern.

Umgekehrt zeigt die Produktanalyse aber auch, welche Eigenschaften fehlen, um ein Produkt an die Motive anzuschließen und damit zum Erfolg zu bringen. Betrachten wir nochmals das Beispiel der Preselect-Boxen, die dem Autonomiemotiv der Vorwahlnummern entgegenwirkten: Vielleicht hätte ein Anschluss an das Autonomiemotiv ganz einfach umgesetzt werden können – etwa mit einem Knopf, den man betätigen muss, um vor jedem Anruf die Box zu aktivieren. Warum wurde diese Chance der Nachbesserung nicht erkannt? Der Grund liegt in der Art der Produktforschung. Man hat Konsumenten bzw. deren Piloten befragt. Der Pilot hätte zu dem Vorschlag der Nachbesserung gesagt: „Das mit dem Knopf ist ja umständlich, ich will gar nichts tun!" Dass der Autopilot dadurch keinen Mehrwert mehr im Produkt identifizieren kann, ist dem Piloten ja nicht bewusst. Sich bei Produktinnovationen auf die Aussagen von Konsumenten zu verlassen, ist deshalb sehr gefährlich!

> *Im Produkt und seinen Eigenschaften müssen die Motive bereits angelegt sein, damit das Produkt für die Zielgruppe relevant ist.*

Schritt 3: Wettbewerbsanalyse

In der Wettbewerbsanalyse untersuchen wir, welche Motive die Wettbewerbsprodukte bedienen, welche Produkteigenschaften sie dazu einsetzen und wie man sich davon differenzieren kann. Auch hier müssen wir vor allem auf die implizite und kulturelle Bedeutung der Produkte und ihrer Eigenschaften sowie die Anschlussfähigkeit an die Motive achten. Nehmen wir an, wir wollen Jogurts verkaufen und unser Konkurrent ist unter anderem **Müller Milch** mit dem **„Jogurt mit der Ecke"**. Wir wollen verstehen, welche Motive dieser Jogurt bedient. Er enthält zehn Prozent Fett. Nach ihrer Meinung gefragt, würden die Konsumenten sagen: „Das hat zu viele Kalorien!" Was bedeutet es aber, wenn eine Quarkspeise zehn Prozent Fett enthält? Sie ist sehr cremig und macht satt. Schwere Quarks und Puddings sind deshalb eher beruhigend, zahlen auf das Sicherheitsmotiv ein, während leichte Jogurts aktivieren und damit auf das Erregungsmotiv einzahlen. Ein Produkt mit zehn Prozent Fett ist also ideal für eine Pause. Und genau dann wird **„Der Jogurt mit der Ecke"** konsumiert. Damit kennen wir nun die Bedeutung des Wettbewerbprodukts und welche Produkteigenschaften diese Bedeutung transportieren.

Ein Beispiel, wie man aus der Analyse der Wettbewerbsprodukte eine eigenständige Strategie ableitet, sind die Digitalkameras von **Kodak**. Das Unternehmen hatte im unerbittlichen Kampf um Megapixel und Megazoom mit **Sony & Co.** anfangs Probleme, sich abzugrenzen und Marktanteile zu erobern. Der Erfolg stellte sich erst ein, als **Kodak** sich auf einen Aspekt des Sicherheitsmotivs konzentrierte, den bislang noch kein Wettbewerber im Markt kommunizierte, den Digitalkameras jedoch bieten können: mit vertrauten Menschen in Austausch treten. Unter dem Motto „Gemeinsam Spaß haben" entwickelte **Kodak** die Digitalkamera **Easy Share**, die Kunden über eine Docking-Station an ihren Computer anschließen konnten. Über die Funktion „Datei anhängen" in ihrem E-Mail-Programm konnten sie ihre Fotos dann ohne großen Aufwand mit Freunden und Verwandten teilen. Gemeinsam Spaß haben schließt an das Sicherheits- und das Erregungsmotiv an und grenzt sich damit ab von der autonomieorientierten Argumentation vieler Wettbewerber, Bilder mit bestmöglicher Auflösung zu schießen. Heute ist **Kodak** in den USA Marktführer für Digitalkameras.

> *Das Ergebnis des Produkt-Audits: Wir kennen die im Produkt angelegten Motive, die der Wettbewerbsprodukte sowie die Anschlussfähigkeit unseres Produktes zu den Motiven.*

Marken-Audit: die Bedeutung des Markennetzwerks offen legen

Abbildung 8.4: Das Marken-Audit.

Im Marken-Audit geht es darum, das Markennetzwerk der eigenen Marke offen zu legen, von den Codes über die Motive bis hin zu den Markenkontaktpunkten. Wir haben gesehen, dass Marken in neuronalen Netzwerken organisiert sind, die sich über das gesamte Gehirn verteilen. Im Markennetzwerk sind die Codes gespeichert, die als eigentypische Gesamtmuster die Bedeutung der Marke darstellen. Nur die wenigsten der Codes sind dabei explizit, bewusst zugänglich. Die meisten sind implizit und wirken über den Autopiloten auf die Kunden. Das Ziel des Marken-Audits ist es, die Eigentypik der Marke zu identifizieren, die impliziten und expliziten Codes im Markennetzwerk und ihren Anschluss an die Motive. Das Ergebnis des Marken-Audits erlaubt, wie wir sehen werden, eine systematische Steuerung der Marke in allen Markenkontaktpunkten.

Schritt 1: Motivanalyse: das Motivprofil der Marke

In diesem Schritt geht es um die Positionierung der Marke im Motivraum. Es geht darum zu identifizieren, welche der im Produkt angelegten Motive die Marke ansprechen sollen oder schon ansprechen. Wir wollen nun am Beispiel der Marke **„EasyCredit"** aufzeigen, welche Ergebnisse ein Marken-Audit zu Tage fördert. Wie schon erwähnt, gehen die Analysen in der Realität deutlich tiefer, wir wollen hier nur beispielhaft aufzeigen, welche Art von Erkenntnis ein Marken-Audit im Rahmen des Brand Code-Management™-Prozesses liefert.

Die Marke **„EasyCredit"** verkauft Privatkunden Konsumkredite. Kredite können prinzipiell alle drei Motivsysteme bedienen. **„EasyCredit"** konzentriert sich – wie eingehende Analysen zeigen – auf zwei Motive: Erregung und Autonomie. Das Unternehmen spricht zum Beispiel davon, dass der Kunde sich „verrückte Wünsche erfüllen" kann, wenn er einen Kredit bei **EasyCredit** kauft – das zahlt in das Erregungsmotiv ein. Der Slogan lautet „Das kann ich auch" – und zahlt damit in das Autonomiemotiv ein. Diese beiden Motive werden in der gesamten Kommunikation betont – explizit, vor allem aber implizit. Das macht den Erfolg der Marke aus. Das Motivprofil der Marke **EasyCredit** besteht also aus Erregung und Autonomie. Damit differenziert sich diese Marke vom Wettbewerb, da die meisten Anbieter entweder Autonomie oder Sicherheit betonen. Zudem schützt **EasyCredit** durch die komplexe Verknüpfung der beiden Motive die Marke und ihre Differenzierung nachhaltig.

Aus dem Motivprofil ergibt sich automatisch die Zielgruppe: **EasyCredit** richtet sich an Menschen, die mit einem Privatkredit ein Ungleichgewicht in den beiden Motiven ausgleichen wollen, an Menschen also, die durch den Kredit ein ins Minus gekommenes Autonomiemotiv auffüllen und etwas erleben wollen. Wir haben ja schon gesehen, dass Konsum auch die Funktion der Abgrenzung und Einbettung in soziale Strukturen hat. Sich auch etwas leisten zu können („Das kann ich auch!") ist also implizit ein Streben nach Aufstieg in der sozialen Hierarchie (Autonomie). Die Erlebnisorientierung nimmt dem Kredit die Schwere nach dem Motto „Was soll's!" (Erregung).

> *Von den Marken-Motiven leiten sich direkt die Zielgruppen für die Markenkommunikation ab.*

Schritt 2: Codeanalyse: Welche Codes kontrastieren die Marke?

Die Motivanalyse hat die Positionierung und die Zielgruppe identifiziert. Nun kommt die alles entscheidende Frage: Wie setzen wir diese Erkenntnisse konkret um? Welche impliziten und expliziten Codes setzen wir in der Markenkommunikation ein? Was zeige ich und wie zeige ich es? In der Praxis wird deutlich: Oft klafft eine große Lücke zwischen der Strategie und der Umsetzung in konkrete Kommunikationsmaßnahmen. Besonders deutlich formuliert das der anerkannte Marketingprofessor **Franz-Rudolf Esch**:

> *„Die Umsetzung der Markenpositionierung durch Kommunikation ist der zentrale Engpass beim Aufbau starker Marken. Zwischen Konzept und Umsetzung klafft meist eine Implementierungslücke."* (Esch, F. R., 2003, S. 232)

Die Codeanalyse und die weiteren Analysen im Brand Code-Management™-Prozess helfen, diese Implementierungslücke zu schließen. Schauen wir uns das am Beispiel des TV-Spots **„Luftikus"** von **EasyCredit** an. Dabei wollen wir wiederum die Erkenntnis nutzen, dass wir insgesamt vier Codes zu Verfügung haben.

Ein Protagonist steht, gewappnet mit einem Drachenflieger, auf einer Absprungrampe und springt ab. Dabei kommt er ins Schwanken, er dreht sich mehrfach um die eigene Achse, stürzt fast ab, kommt dann aber in eine sichere Fluglage und gleitet in Richtung Meer. Welche implizite Bedeutung kommuniziert diese Geschichte? Dass Menschen, die im Leben „außer Tritt" gekommen sind, mit Hilfe des Kredits wieder Fuß fassen und sogar „abheben" können. Hauptperson ist ein Mensch, der zwar Probleme hat, aber sich trotzdem etwas traut und es zum Gelingen bringt.

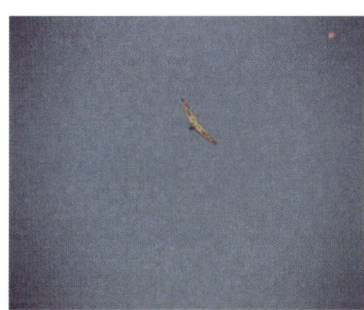

Abbildung 8.5: Szenen aus dem EasyCredit-TV-Spot „Luftikus".

171

Wie wir wissen, sind auch die Protagonisten eines Spots symbolische Codes mit einer impliziten Bedeutung. Schauen wir uns also die Hauptfigur an. Wir sehen einen unperfekten Menschen mit leichtem Bierbauch in einem schäbigen Batman-Kostüm, der aber sehr selbstbewusst tut und handelt. Was ist die implizite Bedeutung dieses Symbols? Hier wird die Schwäche der Kunden, die niedrige Stufe in der sozialen Hierarchie angesprochen und aufgelöst. Das Symbol des Drachenfliegers zahlt zudem auf das Erregungs- motiv ein. Die Hintergrundmusik zielt ebenfalls auf das Erregungsmotiv: Wir hören einen Song, der an die Charleston-Musik der frühen 20er Jahre des letzten Jahrhunderts anknüpft und damit an fröhliche und ausgelasse- ne Tanzabende, dekadente Feiern und Unbeschwertheit.

Der Text des Charleston-Songs lautet: „Today is my day, I will have it my way, I want to have some fun." Hier sind wiederum beide Motive enthalten: „Heute tanzt die Welt nach meiner Pfeife" zahlt auf die Autonomie ein, während „Heute möchte ich Spaß haben" das Erregungsmotiv anspricht. Klare implizite Signale an das Autonomiemotiv senden die anderen Prota- gonisten im Spot, die der Hauptfigur beim Abflug zuschauen und denen er später aus der Luft zuwinkt. Sie stehen im starken Kontrast zu unserem Bat- man-Flieger: Sie sind nicht unperfekt mit Bierbauch, sondern gut ausse- hende Models aus einer anderen sozialen Schicht. Zu dieser würde der Kun- de gerne gehören. Hier wird implizit der Slogan „Das kann ich auch" kom- muniziert. Unterstützt wird diese Dynamik durch den Ort, an dem die Geschichte spielt: Brasilien, das Land der geflüchteten Posträuber, die ihren Reichtum voll ausleben.

> *Die Codes müssen in ihrer Gesamtheit auf das differenzierende Motiv- profil der Marke einzahlen. Dabei ist jeder Code und seine Bedeutung ein wichtiger Baustein. Jeder Code, der nicht stimmig ist, führt zu Wirkungs- verlust.*

Schon diese kurze Analyse zeigt, dass alle vier Codearten hier auf die Kern- motive der Marke einzahlen und auf einer impliziten Ebene eine glasklare Botschaft an den Autopiloten kommunizieren: Durch diesen Kredit steige ich in der sozialen Hierarchie auf und erlebe etwas. Das ist im Kern die Be- deutung der Marke **EasyCredit**, die es in den Codes zu kommunizieren gilt. Die nächste Frage ist: Sind diese Codes auch kontraststark, unterscheiden sie sich vom Wettbewerb? Denn wir haben gesehen, dass Marken, die sich zu viele Codes mit einem anderen Markennetzwerk teilen, weniger eindeutig und effizient kommunizieren.

Schritt 3: Differenzierung und Kontrast

Tatsächlich sind die von **EasyCredit** eingesetzten Codes nicht nur eindeutig auf die relevanten Motive angelegt, sondern auch kontraststark. Das beginnt bei der Charleston-Musik, die in der Werbung für Kredite einzigartig ist. Auch der Protagonist mit dem Batman-Kostüm ist ein kontrastreicher Code, der diese Werbung von anderen klar abgrenzt, ebenso der Ort, an dem die Geschichte spielt (Brasilien) sowie die Geschichte selbst. Alle vier Code-Arten sind also kontrastreich – und damit fallen sie automatisch stärker auf.

Die Codes alleine reichen aber nicht aus, sie müssen auch an differenzierende Motive anschließen. Und auch hier sehen wir, dass **EasyCredit** sich vom Wettbewerb der Finanzwerbung abhebt. Schon die Tatsache, dass bei einem Finanzthema das Erregungsmotiv angesprochen wird, ist differenzierend, da die meisten Finanzdienstleister an das Sicherheitsmotiv appellieren. Zum Beispiel **„Die Berater-Bank"** (**Dresdner Bank**), der **„Fels in der Brandung"** (**Württembergische**), **„Unter den Flügeln des Löwen"** (**Generali**) oder **„Da bin ich mir sicher"** (**HUK Coburg**). Neben dem Sicherheitsmotiv finden wir auch das Autonomiemotiv, etwa bei der **Deutschen Bank** mit der **„Leistung aus Leidenschaft"** oder der **ARAG** mit **„macht stark"**. Die Kombination aus Erregungs- und Autonomiemotiv jedoch ist differenzierend und im Finanzbereich – speziell im Kreditwesen – einzigartig. Aktuell sehen wir die Tendenz, dass die Sparkasse, die als Marke an das Sicherheitsmotiv appelliert, in ihrer Markenkommunikation „einen Schuss" Erregung dazu mischt, etwa in dem Spot, in dem die Protagonisten mit dem Helikopter durch eine Großstadt mit Wolkenkratzern fliegen. Der Helikopter ist ein impliziter Code, der sich an das Erregungsmotiv richtet. Insgesamt jedoch sehen wir, dass die Marke **EasyCredit** sowohl im Motivprofil als auch in den eingesetzten Codes bislang noch einzigartig ist.

Schritt 4: Markenkontaktpunkte

Bislang haben wir uns erst einen Kontaktpunkt mit der Marke angeschaut: die klassische Werbung. Sie lädt die Marke und das Produkt mit Bedeutung auf und kommuniziert über die impliziten Codes mit dem Autopiloten des potenziellen Kunden. Da seine Motive im Ungleichgewicht sind, achtet sein Autopilot auf diese Codes und es kommt zu einem impliziten Lernvorgang. Nun ist es entscheidend, dass auch die weiteren Kontaktpunkte mit der Marke die richtige explizite und implizite Bedeutung kommunizieren, zum Beispiel und insbesondere die Website. Der Kunde hat – bewusst oder unbewusst – über die Markenkommunikation gelernt, dass ihm **EasyCredit** weiterhelfen und sein Ungleichgewicht ins Lot bringen kann.

Der nächste Schritt kann nun sein, dass er sich auf der Website genauer über die Firma und ihr Angebot informiert. Weil im Produkt selbst auch das Sicherheitsmotiv angelegt ist (Risiko minimieren), muss bei diesem Kontaktpunkt nun das Sicherheitsthema gespielt werden. Dieser Punkt ist zentral. Auch wenn unsere Marke im Kern durch das Erregungs- und Autonomiemotiv definiert ist, müssen wir je nach Kontaktpunkt auch andere Aspekte – hier die Sicherheit – ins Spiel bringen, um den Kunden zum Abschluss zu bringen. Wir haben beim **Freenet-Beispiel** schon gesehen, dass sogar bei ein und demselben Formular mehrere Motive bedient werden müssen. Die Marke muss im Motivraum zwar eindeutig positioniert sein, aber je nach Markenkontaktpunkt kommen weitere Aspekte ins Spiel.

Wie setzt **EasyCredit** dies um? **EasyCredit** bietet auf seiner Website eine Kreditausfallversicherung an und nennt diese „Sicherheitsgurt". Damit zahlt der Kunde auf das Sicherheitsmotiv ein. Kommuniziert wird dies aber nur auf der Website, einem Kontaktpunkt, der relativ nah am Abschluss ist. Das ist genau dort, wo das Sicherheitsmotiv auch für diese Zielgruppe relevant ist.

> *Jeder Markenkontaktpunkt muss auf seine Passung zum Motiv-Profil der Marke hin analysiert und angepasst werden.*

Ergebnisse des Marken-Audits

Was lernen wir also durch das Marken-Audit? Unter anderem wissen wir nun, welche impliziten und expliziten Codes die Marke tragen und ihre Eigentypik ausmachen. Im Beispiel **EasyCredit** *ist das die Kombination aus den Motiven Autonomie und Erregung und dem symbolischen Code des nicht ganz perfekten Protagonisten, der in der sozialen Hierarchie weiter* *unten steht, aber sich davon nicht beeindrucken lässt. Die implizite Bedeutung ist: „Mit dem Kredit steige ich auf.“ Das ist im Kern die Bedeutung, die es zu kommunizieren gilt. Wie beim **Halle-Berry-Neuron** geht es nun darum, diese Bedeutung über die vier Codes und alle Markenkontaktpunkte zu kommunizieren, also darum, die Codes zu identifizieren, die genau diese Bedeutung transportieren. Das können immer andere sein, aber das Muster muss stimmen. Mit diesem Wissen können wir die Marke steuern, wir können entscheiden, welche Codes zur Marke passen und welche wir verändern können oder müssen. Wir haben die Implementierungslücke geschlossen, weil wir nun nicht mehr aufgrund von Geschmacksfragen oder unzuverlässigen Konsumentenmeinungen entscheiden müssen, welchen Spot wir denn nun schalten, sondern systematisch die Codes auf die relevanten Bedeutungen hin untersuchen.*

An dieser Stelle ist eine Bemerkung wichtig. Genauso wie Schachexperten Muster erlernen und intuitiv entscheiden, tun dies auch Markenexperten. Dieser implizite Lernprozess dauert jedoch häufig Jahre. So kommt es, dass Unternehmer wie etwa **Rudi Gröger** von O₂ oder **Erich Sixt** ein intuitives – implizites – Wissen über ihre Marke haben und sofort („aus dem Bauch heraus") erkennen, ob eine Idee oder ein Spot zur Marke passt oder nicht. In den allermeisten Fällen jedoch reicht die Zeit, die ein Marketingmanager mit einer Marke arbeitet, für diesen impliziten Lernprozess nicht aus – so wechseln Marketingleiter alle zwei bis drei Jahre das Unternehmen. Hier hilft das Code-Management, indem es die impliziten Codes und Wirkmechanismen offen legt und dem Marketingleiter damit ein Steuerinstrument zur Verfügung stellt. Aber auch wenn ein Manager ein „Bauchgefühl" entwickelt hat, kann es wichtig sein, sein Wissen explizit zu machen, beispielsweise wenn es an Nachfolger oder in andere Länder übertragen werden muss.

> *Nur wer die Bedeutung der einzelnen Codes kennt, kann das Markennetzwerk nachhaltig steuern und eine starke Marke aufbauen.*

Noch eine weitere Erkenntnis ergibt sich durch das Marken-Audit: Wir haben schon gesagt, dass es Produkte und Marken gibt, die weniger die Sollwerte, sondern eher Stimmungen und Verfassungen bedienen. Auch hier unterscheidet sich **EasyCredit** etwa von der **Deutschen Bank**. Mit dem Slogan „Leistung durch Leidenschaft" spricht die **Deutsche Bank** zwar auch das Autonomiemotiv an, aber für ihre Kunden ist das weniger ein Ausgleich eines Ungleichgewichts. Kunden der **Deutschen Bank** haben vielmehr schon einen höheren Sollwert im Autonomiemotiv, für sie ist die Marke **Deutsche Bank** deshalb eher ein Persönlichkeitsmarkierer. **EasyCredit** dagegen füllt ein Minus auf, ist also eher ein Verfassungsprodukt – auch wenn es sich um einen Kredit handelt. Hier zahlt es sich aus, dass die Spots immer auch Humor enthalten und damit dem Produkt „Kredit" die Schwere nehmen. Für **EasyCredit** eröffnet die Erkenntnis, dass hier letztlich ein Verfassungsprodukt vermarktet wird, neue Chancen in der Schaltung der Werbung. Denn bei Verfassungsprodukten kommt es vor allem darauf an, die Kunden in sensiblen Momenten zu erreichen; nämlich dann, wenn das Ungleichgewicht gerade besonders groß ist. Das könnte zum Beispiel eben dann sein, wenn die Kunden alleine und einsam zu Hause sitzen. Spots könnten besonders gut zwischen Serien oder Filmen wirken, die den Lifestyle zeigen, von dem diese Kunden träumen. Outbound-Aktionen (den Kunden anrufen), beispielsweise gekoppelt mit einem Gewinnspiel (etwa einer Reise nach Brasilien), können in solchen sensiblen Momenten ebenfalls sehr erfolgreich sein. Dadurch gewinnt man mehr Effizienz in der Schaltung der Werbung.

> *Die Codes und die Motive müssen immer vor dem Hintergrund der Motiv-Zielgruppe gemanaget werden.*

Wettbewerbs-Audit: die Motive und Codes des Wettbewerbs aufdecken

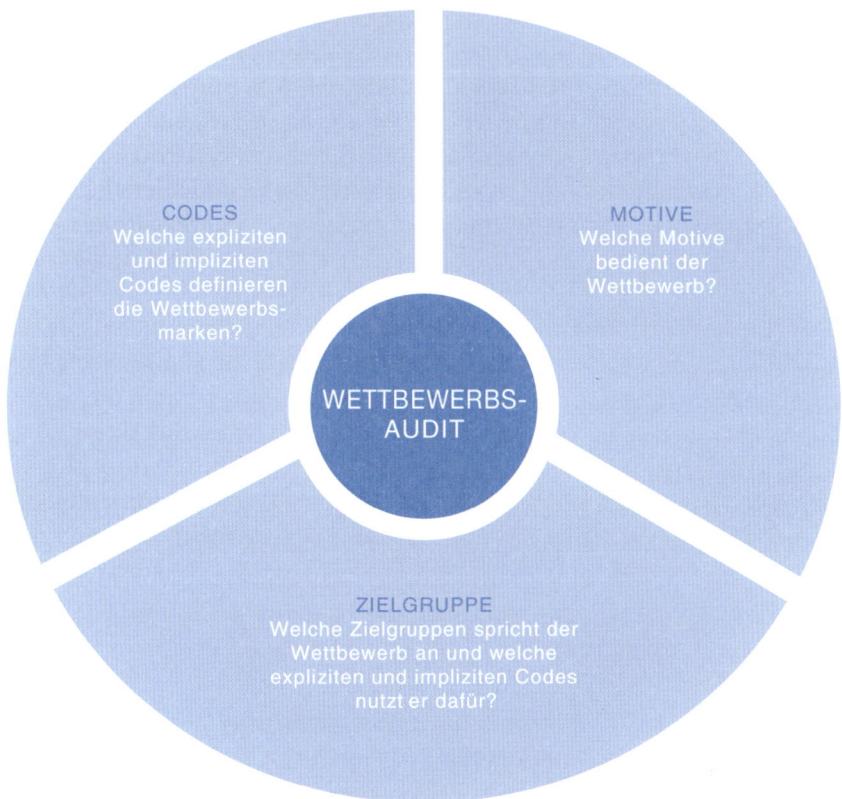

Abbildung 8.6: Das Wettbewerbs-Audit.

Der letzte Schritt des Brand Code-Management™-Prozesses besteht in der systematischen und vollständigen Analyse des Wettbewerbs, insbesondere der dort eingesetzten Codes, ihrer Bedeutung und der Motive, die sie ansprechen. Wir müssen den Wettbewerb kennen und beobachten, um uns nachhaltig zu differenzieren. Die Wettbewerber sind auch der Referenzpunkt für die Beurteilung der Kontraststärke der eigenen Codes. Wir können darüber aber auch identifizieren, welche Zielgruppen der Wettbewerber anspricht und durch welche Motive er Zugang zu seinen Kunden findet. In Zeiten gesättigter Märkte werden neue Kunden meist nur durch das Abwerben der Wettbewerbskunden gewonnen. Deshalb müssen wir verstehen, was diese Kunden wirklich antreibt, um dann unsere eigene Kommunikation auf diese Motive hin auszurichten – selbstverständlich ohne dabei unsere Eigentypik aufs Spiel zu setzen.

Einige Erkenntnisse zum Wettbewerb haben wir schon im Rahmen des Produkt- und Marken-Audits gewonnen, beispielsweise welche Produkteigenschaften bestimmte Motive ansprechen oder wie kontrastreich unsere eigenen Codes im Abgleich mit denen der Wettbewerber sind. Wir wollen uns deshalb an dieser Stelle auf zwei Aspekte konzentrieren: Wie analysiere ich genau, welche Bedeutung die Codes der Wettbewerber übertragen? Und was sagt mir das über die impliziten Annahmen der Wettbewerber?

Analyse der Wettbewerbs-Codes

Angenommen, wir sind Marketingleiter bei **E-Plus** und verlieren Marktanteile an **O₂**. Wir wüssten gerne, was den Erfolg von **O₂** ausmacht, welche Kunden **O₂** mit welchen Codes anspricht und was im Kern die Marke **O₂** ausmacht. Als – fiktives – Beispiel wollen wir eine Zeitschriftenanzeige von **O₂** analysieren. Ebenso können wir aber auch Filialen, Websites oder jeden anderen Markenkontaktpunkt des Wettbewerbs analysieren. Als erstes „zerlegen" wir die Anzeige in ihre Codes. Dabei hindern wir bewusst den Autopiloten am Mustererkennen, denn erst dann wird deutlich, wieviel mehr in der Anzeige markiert ist als nur ein Mann auf einem Stuhl, der telefoniert.

- *Sprache:* Es existieren mehrere sprachliche Codes: die Schlagzeile „Home, sweet Homezone" und der Claim „O₂ can do".

- *Geschichte*: Ein älterer Herr sitzt gemütlich in seinen Stuhl gelehnt, neben ihm ein kleiner Tisch mit einer Art Nachttischlampe. Diese Szene findet in einem großen Stadion statt. Die Stadionanzeige zeigt ein Haus.

- *Symbole*: Die Anzeige arbeitet mit vielen Symbolen: Zum einen ist da der Protagonist. Es ist ein älterer, stilvoll gekleideter Herr: Franz Beckenbauer. Der Stuhl, der Tisch und die Lampe sind moderne Einrichtungsgegenstände, auch wenn der Stuhl ein Klassiker ist. Das Stadion ist sehr groß und erinnert an eine Arena. Die Stadionanzeige zeigt ein Haussymbol. Aus dem Telefon – ebenfalls modern – entweichen Luftbläschen. Auch von der Ecke des Haussymbols steigen Luftbläschen auf.

- *Sensorik:* Hier sticht vor allem die Farbe hervor. Das Blau ist sehr dunkel, ein Nachtblau. Auch der Verlauf der Farbe über dem Stadion erinnert an einen klaren Nachthimmel. Trotzdem erscheint die Szenerie weich gezeichnet.

Abbildung 8.7: Anzeige von O₂ mit Franz Beckenbauer als Protagonist.

An dieser Stelle wollen wir nicht tiefer in die Analyse der Codes einsteigen, sondern der Frage nachgehen, was sie denn nun bedeuten. Die Schlagzeile „Home, sweet Homezone" erinnert an den Spruch „Home, sweet Home". Dies sagt man in der Regel nur dann, wenn man zu Hause ankommt oder sich gerade auf dem Weg nach Hause befindet. Dieser Code zahlt also auf das Sicherheitsmotiv ein. Im Claim **„O₂ can do"** sind zwei Aspekte angelegt: zum einen der Verweis auf die Fähigkeit, etwas zu tun (Autonomie), zum anderen aber auch, dass viele Möglichkeiten offen stehen (Erregung). Die erzählte Geschichte erscheint etwas surrealistisch und träumerisch. Träumerisches zahlt in das Erregungsmotiv ein, weil in Träumen Dinge möglich sind, die uns in der Realität versagt bleiben.

Franz Beckenbauer als Protagonist hat mehrere Bedeutungen: zum einen „Gewinner" (Autonomie), aber auch etwas Vertrautes, speziell für die ältere Generation (Sicherheit). Seine entspannte Körperhaltung zahlt ebenfalls in das Sicherheitsmotiv ein. Das Stadion, die Arena, ist ein Symbol für Spiele und Freude („Brot und Spiele" – Kolosseum) und spricht das Erregungsmotiv an. Das Haus wiederum ist ein Symbol für Geborgenheit und Sicherheit. Die Sensorik unterstreicht die Anmutung des Träumerischen (Erregung). Das passt gut mit den Luftblasen zusammen.

Insgesamt zeigt sich: Nur die Schlagzeile und der Claim sind explizit. Alle anderen Bedeutungen wirken implizit. Diese Umsetzung ist also für den Autopiloten genau richtig. Wir haben davon ausgehend analysiert, an welche Motive die Codes angeknüpft sind. Der rote Faden, die Positionierung von **O₂** besteht in der Spannung zwischen dem Erregungs- und dem Sicherheitsmotiv. Wir haben schon gesehen, dass sich aus dem Motivprofil die Zielgruppen ableiten. Damit weiß man nach einem Wettbewerbs-Audit also nicht nur, was die einzelnen Wettbewerbs-Codes bedeuten und auf welchen Motiven der Wettbewerber positioniert ist, sondern auch, welche Zielgruppen damit angesprochen werden. Mit diesem Wissen können nun die eigenen Strategien abgeglichen und abgestimmt werden.

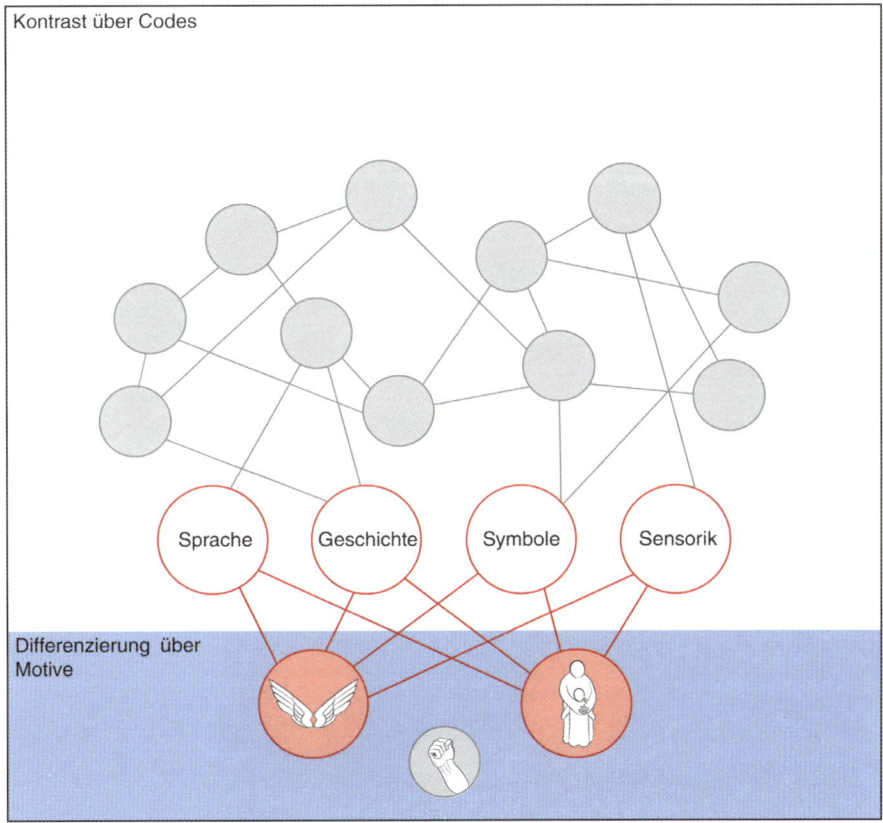

Abbildung 8.8: Das (fiktive) Markennetzwerk von O$_2$: Über die expliziten, aber vor allem die impliziten Codes spricht O$_2$ die Motive Sicherheit und Erregung an. Das Autonomiemotiv steht eher im Hintergrund.

Diese Analyse ist natürlich exemplarisch und hat nur das Ziel, das Prinzip zu erläutern. Grundlage für diese Analyse sind in der Realität kulturwissenschaftliche Verfahren.

Analyse der impliziten Annahmen der Wettbewerber

Marketingmanager sind auch nur Menschen. Deshalb werden auch sie von impliziten Vorgängen bestimmt. Über das Code-Management können wir herausfinden, wie sich der Wettbewerber selbst sieht, wir erkennen die impliziten Annahmen und Strukturen in den Köpfen der Marketingmanager. Schauen wir uns eine Anzeige der **Telekom** an. Wir sehen eine Werbung für drei DSL-Bandbreiten und das dazugehörige DSL-Modem. Oberflächlich

181

betrachtet scheint hier nur der Preis für einen Wettbewerbsvergleich relevant zu sein. Was können wir darüber hinaus noch über die **Telekom** lernen? Hier kommen weitere Verfahren der Code Toolbox™ ins Spiel, mit denen wir von den Werbemitteln auf die zugrunde liegenden, impliziten Annahmen eines Unternehmens schließen können. Jedes Werbemittel ist von den Autopiloten der Marketingmanager geprägt und in den Markenkontaktpunkten drücken sich deshalb ihre zugrunde liegenden Annahmen implizit aus. Der Wettbewerber legt also, ohne es zu wollen, über seine Markenkommunikation seine internen und impliziten Annahmen und Strukturen offen

Abbildung 8.9: Anzeige der Telekom zur Vermarktung von DSL.

Das Bild zeigt drei Schnellboote, wie man sie in Nizza oder Miami findet – sie stehen für Luxus und Exklusivität. Der Preis allerdings hat wenig mit Exklusivität zu tun. In der Anzeige drückt sich das Dilemma aus, dass sich die **Telekom** als Topmarke versteht, aber gleichzeitig eine enorm große Kundenzahl bedienen muss: Die luxuriösen Schnellboote passen nicht zum „Volkspreis" von 9,99 Euro.

Die Boote erscheinen durch die Anordnung auf den ersten Blick unterschiedlich schnell. Das sind sie aber bei genauerem Hinschauen nicht, denn alle drei haben die gleichen Bugwellen. Implizit ist das ein Indiz dafür, dass der Absender nicht genau weiß, wie er die verschiedenen DSL-Bandbreiten vermarkten und gegeneinander positionieren soll. Es besteht ein Konflikt um die Frage, wie stark die bestehende Bandbreite betont und wie stark die neuen, schnelleren Bandbreiten hervorgehoben werden sollen. Letztlich geht es um das Problem, die Bestandskunden (mit dem langsameren DSL-Anschluss) nicht zu verärgern und trotzdem auf die neuen Bandbreiten hinzuweisen. Hier liegt eine Chance für einen Wettbewerber, der noch keine große Kundenbasis bei der langsameren Bandbreite hat: Er kann diesen Konflikt aufnehmen und ganz bewusst Klarheit über die Geschwindigkeitsunterschiede transportieren.

Darüber hinaus fällt auf, dass der Betrachter viel Wissen haben muss, um zu erkennen, dass es sich hier um ein DSL-Modem handelt, denn diese Information ist im Text versteckt. Dies zeigt, dass die **Telekom** bei ihren Kunden ein gewisses technisches Wissen voraussetzt. Auch hier gibt es eine Chance für den Wettbewerber, durch entsprechende Codes Einfachheit zu signalisieren.

Man sieht also, wie sich die internen impliziten Konflikte und Annahmen über die Kunden in den Markenkontaktpunkten der Wettbewerber – hier in einer einzigen Anzeige – ausdrücken. Zu wissen, wie der Autopilot des Wettbewerbers funktioniert, ist eine wichtige Information, um dessen nächste Schritte zu antizipieren.

> *Die Analyse der vom Wettbewerber gesendeten Codes deckt das Motivprofil des Konkurrenten auf und damit seine Zielgruppe. Es wird also deutlich, mit welchen Codes der Wettbewerber diese Zielgruppen anspricht. Das erleichtert die eigene Differenzierung und Neukundengewinnung.*

Implicit Toolbox™: explizite und implizite Wirkung messen

Die eben beschriebenen Produkt-, Marken-, und Wettbewerbsanalysen greifen an verschiedenen Stellen auf Analysemethoden und Messverfahren zurück, die wir in Form einer Implicit Toolbox™ zusammengefasst haben. In diese Toolbox fließen Verfahren der Kulturwissenschaften (Psychologie, Soziologie und Anthropologie), der Hirnforschung und der Psychophysik ein. Der Fokus aller Verfahren liegt auf der Analyse der impliziten Bedeutung und Wirkung der Produkte, der Markenkommunikation und ihrer Codes. Bevor wir in diesem Abschnitt einige dieser Verfahren kurz erläutern, wollen wir uns vor Augen führen, wo überhaupt das Problem liegt. Denn es gibt ja schon eine Vielzahl von Messverfahren in der Marktforschung – warum also eine neue Toolbox?

Grenzen der herkömmlichen Befragungen

Fragebogenstudien sind per se nur in der Lage, die Inhalte zu erfassen, die unserem Piloten zugänglich sind. Es gibt immer wieder Institute, die behaupten, sie hätten jetzt Zugang zum Unbewussten. Schaut man auf die Methoden, so werden dann doch wieder – wenn auch kreativ benannte – Fragebogenstudien genutzt. Auch die so genannten qualitativen Verfahren, bei denen Probanden ausführlich interviewt werden, sind nur dann hilfreich, wenn speziell ausgebildete Analysten die impliziten Bedeutungen hinter den Aussagen und Meinungen aufdecken.

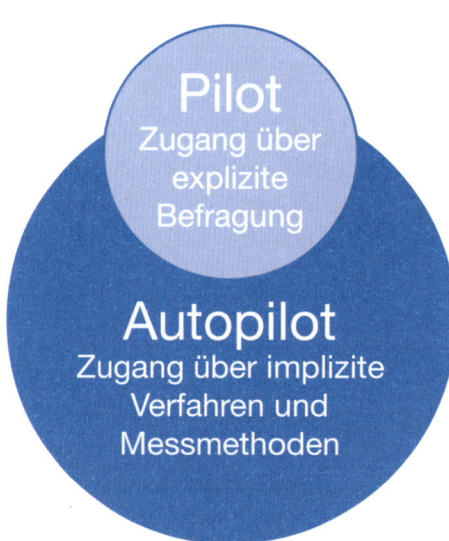

Abbildung 8.10: 95 Prozent der Werbung wirken implizit im Autopiloten. Für die Analyse dieser impliziten Wirkung sind herkömmliche Befragungen häufig wenig geeignet.

Was kann man nun tun? Kommunikation wirkt zu 95 Prozent über den Autopiloten. Wir müssen also den Autopiloten „befragen". Die zentrale Frage ist: Wie kann ich messen, ob der Spot die richtige Bedeutung transportiert? Wie kann ich bei der Entwicklung des neuen Spots messen, dass er die Bedeutung genauso gut transportiert wie die vorherigen Spots? Oder ob das Formular, die Website, die Verpackung oder die Filiale so gestaltet sind, dass der Autopilot das Verhalten in die gewünschte Richtung lenkt?

Die Bedeutung der Codes entschlüsseln

Zunächst müssen wir also die Bedeutung der Codes analysieren und die Frage klären, ob sie auf die richtigen Motive einzahlen. Hier kommen kulturwissenschaftliche Verfahren ins Spiel, von denen viele schon seit Jahren erfolgreich in Disziplinen wie etwa der Psychologie, der Soziologie oder der Ethnologie eingesetzt werden. Die wichtigsten dieser Verfahren, zum Beispiel die objektive Hermeneutik, sind Teil der Implicit Toolbox™. Mit ihnen können wir sehr genau analysieren, welche Bedeutung in den Codes enthalten ist und wie sie auf die verschiedenen Motive einzahlen – von der Geschichte über die Symbole (Protagonisten, Ort, Inhalt eines Songs) bis hin zu den sensualen Codes. Die zugrunde liegenden Theorien und Annahmen würden an dieser Stelle den Rahmen sprengen, aber eines ist wichtig: Alle diese Verfahren zeichnet aus, dass sie die Bedeutung der Codes objektiv (wenn auch nicht mit Zahlen) entschlüsseln. Das funktioniert, weil der Bedeutungsraum von Codes – zum Beispiel eines Tigers – in einer Kultur oder Subkultur nicht unendlich oder beliebig ist. Deswegen können wir objektiv bestimmen, welche Bedeutungen ein Code in einer Kultur hat.

Die Wirkung der Codes messen

Neben der Bedeutung der Codes interessiert uns ihre Wirkung auf das Markennetzwerk in den Köpfen der Kunden. Hier kommen empirische Verfahren der Psychophysik dazu, mit denen wir das Markennetzwerk sowie die Wirkung von Codes analysieren. Wenn wir beispielsweise wissen wollen, ob der **EasyCredit-Spot** die richtige Bedeutung kommuniziert, bestimmen wir zunächst die im Netzwerk enthaltenen Codes und ihre Verknüpfungen. Das gelingt über implizite Verfahren wie etwa das Reaktionszeitverfahren. Dabei zeigen wir Probanden beispielsweise einen Spot. Die im Spot enthaltenen impliziten und expliziten Codes aktivieren Verbindungen im Markennetzwerk. Diese Verbindungen sind in der Folge schneller verfügbar. In Reaktionszeittests können wir deshalb messen, welche Verbindungen durch die im Spot enthaltenen Codes gebahnt werden, ob also der Spot relevante Verbindungen im Netzwerk verstärkt.

Die Relevanz der Codes messen

Die Bedeutung der Codes muss relevant sein, sie müssen an Motive anschließen, um Verhalten auszulösen. Diese Relevanz messen wir unter anderem mit Verfahren zur Messung der Aufmerksamkeit (z.B. Blickaufzeichnung). So legen wir Probanden ein Testmagazin vor, in dem unter anderem die Anzeige integriert ist, die wir untersuchen möchten. Die Aufgabe der Probanden ist sehr einfach: Sie sollen sich das Magazin anschauen. Gleichzeitig erfassen wir die Bewegungen des Aufmerksamkeitsscheinwerfers und damit indirekt die Bewertungen des Autopiloten. Sind die Codes der Anzeige relevant genug, um den Scheinwerfer auf sich zu ziehen? Und wenn ja: Welche Codes werden beachtet? Wenn die Anzeige für ein Produkt wirbt, das sich im Supermarkt verkauft, zeigen wir den Probanden anschließend eine Reihe von Regalen. Dabei messen wir wiederum mit Verfahren zur Aufmerksamkeitsmessung, wohin sich ihre Aufmerksamkeit bewegt, was ihnen als erstes, zweites oder drittes Produkt auffällt. Hat die Anzeige gewirkt, sollten sie das Produkt schneller finden als ohne den Kontakt mit der Anzeige. Ein Beispiel für diese Art von Test haben wir in Form der **Dove-Anzeige** und ihrer Auswirkung auf das Suchverhalten am Regal gesehen.

Die Eigentypik der Codes messen

Die Eigentypik der Marke definiert sich durch den Kontrast der Codes und der Differenzierung im Motivraum. Eine Methode, die Kontraststärke zu messen, ist der Code-Pattern-Test: Dabei werden alle expliziten Marken-Codes aus einem Werbemittel entfernt (zum Beispiel das Logo, der Markenname, URL usw.). Die Zielgruppe muss dann die verbleibenden, impliziten Codes einer Marke zuordnen und dabei aus einer Liste vorgegebener Marken auswählen. Je mehr Codes eine Marke oder ein Werbemittel mit den Wettbewerbern teilt, desto höher ist die Fehlerrate, also die Anzahl falscher Markenzuordnungen. In einem zweiten Schritt vertauschen wir die Markenlogos, wir bauen etwa das Logo von **E-Plus** in eine Anzeige von **Vodafone** ein. Die Zielgruppe soll über Tastendruck (implizit) entscheiden, ob die Anzeige zur Marke passt. Je stärker die Passung, desto schneller die Entscheidung (der Tastendruck) und desto geringer die Reaktionszeiten. Wir fragen nicht, ob die Passung gegeben ist, sondern wir messen die Austauschbarkeit implizit über die Reaktionszeiten, also wie schnell die Probanden die Taste drücken.

Damit wollen wir die Ausführungen zur Implicit Toolbox™ abschließen. Die Beispiele sollen nur einige der Grundgedanken und Verfahren deutlich machen. Sie zeigen zudem, wie wir auch ohne die teuren und komplexen

Hirnscanner schon heute weit über die üblichen Befragungen hinausgehen und den Autopiloten „befragen" können.

> *Weil 95 Prozent der Wirkung von Markenkommunikation implizit sind, und sich deshalb einer herkömmlichen Befragung entziehen, brauchen wir eine völlig neue Art der Marketingforschung. Hier helfen die Hirnscanner nur begrenzt weiter, dafür stehen aber eine Vielzahl von Verfahren aus Psychologie, Kulturwissenschaft und Hirnforschung zur Verfügung.*

Neuromarketing – ein Blick in die Zukunft

Wir nähern uns dem Ende dieses Buches. Für einige mögen die gewonnenen Erkenntnisse verwirrend oder gar erschreckend sein. Zeigt doch die Hirnforschung, dass ein sehr großer Teil unseres Verhaltens von einem weitgehend unbewussten Autopiloten bestimmt wird. Die Erkenntnis, dass von den 11 Millionen Bits gerade mal 40 Bits bewusst werden, ist in der Tat gewöhnungsbedürftig. Genauso wie die Erkenntnis, dass der Autopilot auch dann auf Werbung reagiert, wenn wir sie nur oberflächlich aufnehmen. Aber sind diese Tatsachen wirklich so erschreckend? Tatsächlich könnten wir ohne den Autopiloten keinen Schritt machen, kein Wort aussprechen und würden Stunden für die Entscheidung brauchen, ob es nun der Latte Macchiato oder der Capuccino, das Biomüsli oder die Cornflakes sein sollen. Und vor allem könnten wir ohne den cleveren Autopiloten im Kopf nicht das tun, was uns alle am meisten beschäftigt: uns mit anderen Menschen austauschen, kommunizieren.

Wir hoffen in diesem Buch gezeigt zu haben, dass der Autopilot und die impliziten Lernvorgänge auch und gerade für die Markenkommunikation große Chancen eröffnen. Hier liegt ein riesiges und bei weitem nicht ausgeschöpftes Potenzial. Wir haben uns bislang viel zu stark um die begrenzten 40 Bits im Piloten gekümmert und sollten uns nun intensiv den 11 Millionen Bits im Autopiloten widmen. Natürlich ist nicht alles falsch, was wir bislang unternommen haben, der Erfolg vieler Marken zeigt das deutlich. Aber es braucht wenig Phantasie, um zu erkennen, dass gerade im Bereich der impliziten Codes und ihrer Wirkung mit Abstand die größten Chancen für die Markenkommunikation bestehen. Das implizite Lernen im Autopiloten und die drei Grundmotive im Gehirn ermöglichen ganz neue Strategien in der Markenführung und Kundenansprache. Der berühmt-berüchtigte Kampf um die Aufmerksamkeit der Kunden tritt in den Hintergrund zu Gunsten von Strategien, die Botschaften zu sensiblen Momenten und über implizite Codes senden.

Insgesamt eröffnen die Erkenntnisse des Neuromarketings ganz neue Denkansätze zum Verständnis der Kunden, der eigenen Marke und des Wettbewerbs. Das auf diesen Erkenntnissen basierende Code-Management zeigt, wie das Neuromarketing bis auf die Ebene des konkreten Werbemittels umgesetzt werden kann. Am Ende geht es darum, mit dem Autopiloten, den Motiven und den neuronalen Netzwerken zu arbeiten, sie zu verstehen und zu steuern. Dazu brauchen wir keine Hirnscanner. Das Wissen ist verfügbar und wartet nur darauf, breiter eingesetzt zu werden.

Wagen wir einen Blick in die Zukunft. Werden die Hirnscanner vielleicht in wenigen Jahren so weit sein, dass sie Eingang in die Praxis finden? Werden die Forscher vielleicht Miniscanner erfinden, die wir als Brille mit uns tragen und die unsere Hirnaktivitäten in Echtzeit aufzeichnen, während wir vor einem Regal stehen? Vielleicht. Die aktuelle Technik legt aber eher das Gegenteil nahe: dass nämlich die Hirnscanner zwar immer weiter verfeinert werden, ihre Auflösung immer besser wird, dadurch die Maschinen jedoch immer größer werden. Aber auch wenn die „mobilen" Hirnscanner eines Tages kommen: Sie sagen uns immer noch nicht, wie wir eine Idee konkret umsetzen oder die Motive richtig ansprechen. Warum darauf warten, wenn es – wie wir gesehen haben – schon heute die Möglichkeit gibt, die impliziten Vorgänge im Gehirn zu verstehen und zu steuern? Worum es in der Zukunft aus unserer Sicht also geht: die Welt der impliziten Vorgänge zu knacken, den Autopiloten über implizite Codes anzusprechen und zu steuern. In diesem „impliziten Marketing" liegt die große Chance. Nutzen wir sie!

Zum Schluss noch eine Bemerkung: Wir freuen uns sehr über jeden Kommentar, jedes Feedback zu den Inhalten dieses Buches. Hier deshalb unsere E-Mail-Adresse: **info@decode-online.de**

Danksagung

Seit ich vor fast zwei Jahrzehnten als damaliger Student der Neuropsychologie zum ersten Mal ein Gehirn „live" sah, hat mich die Hirnforschung nicht mehr losgelassen. Wie fällt man Entscheidungen? Wie kommt die Welt in unseren Kopf? Wie kommt es, dass wir so viel mehr wissen, als wir erinnern können? Diese Fragen sind nicht nur für die Grundlagenforschung – der ich selbst über mehr als zehn Jahre angehörte –, sondern auch für die Marketing- und Werbepraxis von großer Relevanz – wie ich spätestens seit meiner Tätigkeit als Gründer und Geschäftsführer der decode Marketingberatung GmbH weiß. Umso mehr freut es mich, dass nun mit dem Neuromarketing ein Feld entsteht, in dem beide Welten zusammenkommen: Hirnforschung und Marketing. Um genau diese Schnittstelle geht es in diesem Buch. Dass es dazu gekommen ist, verdanke ich vielen Kollegen und Freunden, speziell aber:

- Prof. Norbert Bischof, dem ich tiefe Einsichten in die Motivdynamik des Menschen (und sehr spannende Vorlesungen an der Universität Zürich) verdanke.

- Prof. Shinsuke Shimojo vom California Institute of Technology, einem brillanten Wissenschaftler mit sehr gutem Auge für praktische Fragen. Dank der Kooperation mit ihm und seinen Kollegen im Rahmen des „Implicit Brain Function"-Projekts kann ich auch heute noch – trotz Tagesgeschäft – an der „Front" der Hirnforschung teilnehmen.

- Dr. Steffen Egner, der gemeinsam mit mir den langen Weg von der Grundlagenforschung zur Gründung und erfolgreichen Entwicklung einer Marketingfirma ging.

- Kay Koschel, dem ich viele Anregungen und Gedanken aus der Welt der qualitativen Marken- und Werbeforschung verdanke.

- Dr. Balz Wyss, meinem Freund mit dem guten Gespür für die Übersetzung von Forschungsleistungen in die Praxis.

- Stephan Kilian für viele Anregungen zum Aufbau und Inhalt des Buches sowie Ulrike Rudolph für das hervorragende und sehr hilfreiche Lektorat.

- Marijo Sanje für die Umsetzung der Grafiken.

Schließlich möchte ich Dirk Held dafür danken, dass er sich bereit erklärt hat, seine Praxiserfahrung und sein fundiertes Wissen über Marken, Werbung und Psychologie als Koautor in dieses Buch einfließen zu lassen. Die nächtelangen Diskussionen haben nicht nur Spaß gemacht, sondern erheblich zum Gedeihen des Buches beigetragen.

Last, but not least gebührt mein tiefer Dank meiner Familie, allen voran Betty, ohne deren Rückendeckung und Liebe das Buch niemals entstanden wäre.

Christian Scheier

Hamburg, im April 2006

Ausgewählte Literatur

Anbei finden Sie Literaturempfehlungen zum Neuromarketing und der Frage, wie Werbung wirkt. Weitergehende Informationen und Hinweise finden Sie auf der Webseite zu diesem Buch (**www.decode-online.de**).

Bast, B. (2003). *Revolution im Kopf.* Berlin: Berliner Taschenbuchverlag. *Spannend geschriebene, lockere Einführung in die Welt des Gehirns. Dieses Buch ist ein „Appetitanreger" – wer eine tiefer gehende und wissenschaftliche Einführung in die Hirnforschung sucht, ist mit den Büchern von Gerhard Roth oder Richard F. Thompson besser bedient.*

Bauer, J. (2005). *Warum ich fühle, was du fühlst. Intuitive Kommunikation und das Geheimnis der Spiegelneuronen.* Hamburg: Hoffmann und Campe. 2. Auflage. *Spannend geschriebene und fundierte Einführung in die Welt der Spiegelneuronen. Beschreibt anschaulich und verständlich die neuronalen Grundlagen intuitiver und impliziter Kommunikation.*

Bischof, N. (2001). *Das Rätsel Ödipus.* München: Piper Verlag. 5. Auflage. *Standardwerk zu den drei Motivsystemen im Menschen, verfasst von einem der renommiertesten deutschen Psychologen. Verständlich und anregend geschrieben.*

Esch, F. R. (2003). *Strategie und Technik der Markenführung.* München: Franz Vahlen. *Standardwerk zur Markenführung vom Marketingprofessor Franz-Rudolf Esch. In diesem Buch beklagt Esch die Implementierungslücke zwischen Konzept und Umsetzung.*

Felser, G. (2001). *Werbe- und Konsumentenpsychologie.* Heidelberg: Spektrum Akademischer Verlag. 2. Auflage. *Umfassendes Buch zur Psychologie der Werbung. Enthält als bislang einziges deutsches Buch einen sehr guten Überblick über die impliziten Lern- und Entscheidungsprozesse und ihre Relevanz für die Werbung.*

Franzen, G./Bouwman, M. (2001). *The Mental World of Brands.* Trowbridge: Cromwell Press. *Eine sehr fundierte Einführung in die Welt der Neuronalen Markennetzwerke.*

Frey, S. (2005). *Die Macht des Bildes. Der Einfluss der nonverbalen Kommunikation auf Kultur und Politik.* Bern: Huber Verlag. 2. Auflage. *Ein gut lesbares Standardwerk zur Macht und Wirkweise nonverbaler Kommunikation, untermauert mit erstaunlichen und fundierten Experimenten.*

Fuchs, W. T. (2005). *Tausend und eine Macht. Marketing und moderne Hirnforschung.* Zürich: Orell Füssli. *Exzellent geschriebenes Buch zur Anwendung neurowissenschaftlicher Erkenntnisse auf das Marketing. Einschränkung: Der Schwerpunkt liegt auf dem „Story Telling" und vernachlässigt andere Aspekte der Markenkommunikation.*

Gazzaniga, M. (1998). *The Mind's Past.* San Diego: University of California Press. *Sehr gut lesbare Einführung in das Gehirn und die Frage, wie es Bewusstsein erschafft.*

Gladwell, M. (2005). *Blink: The Power of Thinking Without Thinking.* Oxford: Little, Brown & Company. *Populärwissenschaftlicher Bestseller über intuitive und schnelle Entscheidungen im Autopiloten.*

Hassin, R. R./Uleman, J. S./Bargh, J. A. (2005). *The New Unconscious.* Oxford: Oxford University Press. *Umfassender Überblick zur Erforschung des Neuen Unbewussten. Richtet sich eher an die wissenschaftlich Interessierten.*

Häusel, H. G. (2004). *Brain Script.* Planegg: Haufe Verlag. *Fundierte Einführung in die drei Motivsysteme und ihre Anwendung in der Marketingpraxis.*

Heath, R. (2001). *The Hidden Power of Advertising.* London: NTC Publications. *Greift die wissenschaftlichen Erkenntnisse zum impliziten Lernen auf und überträgt sie auf das Marketing. Heath beschreibt die Grundlagen und entwirft ein Modell zur impliziten Wirkung von Werbung. Die Umsetzung in die Werbepraxis bleibt dieses Buch allerdings schuldig.*

Huettel, S. A./Song, A. W./McCarthy, G. (2004). *Functional Magnetic Resonance Imaging.* Massachusetts: Sinauer Associates Incorporated. *Standardwerk zu den bildgebenden Verfahren der Hirnforschung mit einem Schwerpunkt auf der funktionellen Magnetresonanz-Tomographie.*

Jung, H./von Matt, J.-R. (2004). *Momentum. Die Kraft, die Werbung heute braucht.* Berlin: Lardon Media AG. *Von einigen als Werbebroschüre für die Agentur verschrien, von anderen als das beste Buch über Werbung seit Ogilvy bejubelt: das Buch der deutschen Werbestars Holger Jung und Jean-Remy von Matt. Auf jeden Fall ein lesenswertes Buch über Werbung, wenn auch aus Sicht der Werbeagenturen geschrieben.*

Karmasin, H. (2004). *Produkte als Botschaften.* Frankfurt am Main: Redline Wirtschaftsverlag. 3. Auflage. *Zeigt die soziale Bedeutung von Produkten anhand einer Fülle von Beispielen und Erkenntnissen aus der Psychologie und den Kulturwissenschaften.*

Lachmann, U. (2002). *Wahrnehmung und Gestaltung von Werbung.* Hamburg: Gruner + Jahr AG & Co. *Differenzierte und fundierte Analyse der Frage, wie Werbung bei geringem Involvement wirkt.*

Markowitsch, H. J./Welzer, H. (2005). *Das Autobiographische Gedächtnis. Hirnorganische Grundlagen und biosoziale Entwicklung.* Stuttgart: Klett-Cotta. *Gut lesbare und fundierte Einführung in die neurologischen Grundlagen des episodischen und autobiografischen Gedächtnisses.*

Maynard Smith, J. (1978). *The Evolution of Sex.* Cambridge: Cambridge University Press. *Klassiker der Evolutionstheorie mit Fokus auf der Verwandtschaftsselektion.*

Roth, G. (2003). *Aus der Sicht des Gehirns.* Frankfurt: Suhrkamp. *Verständlich geschriebene und fundierte Einführung in die Hirnforschung und die wichtigsten Hirnstrukturen und -funktionen.*

Schacter, D. (2005). *Aussetzer. Wie wir vergessen und uns erinnern.* Bergisch Gladbach: Lübbe. *Wer sich für Gedächtnisforschung interessiert, wird in diesem hervorragend geschriebenen Buch fündig. Schacter ist einer der weltweit führenden Gedächtnispsychologen und versteht es, wissenschaftliche Zusammenhänge verständlich und anregend zu beschreiben.*

Spitzer, M. (2002). *Lernen. Gehirnforschung und die Schule des Lebens.* Heidelberg: Spektrum Akademischer Verlag. *Spannendes Buch über das Lernen, geschrieben vom bekannten deutschen Hirnforscher Manfred Spitzer.*

Thompson, R. F. (2001). *Das Gehirn. Von der Nervenzelle zur Verhaltenssteuerung.* Heidelberg: Spektrum Akademischer Verlag. *Gut verständliches Lehrbuch zur Hirnforschung.*

Welzer, H. (2005). *Das kommunikative Gedächtnis. Eine Theorie der Erinnerung.* München: Beck. *Beschreibt nicht nur die neuronalen und emotionalen Grundlagen der Erinnerung, sondern auch die soziale und kommunikative Funktion des Gedächtnisses.*

Wilson, T. D. (2004). *Strangers to Ourselves: Discovering the Adaptive Unconscious.* Cambridge: Harvard University Press. *Eine gut lesbare Einführung zur „Wissenschaft des Autopiloten" mit vielen weitergehenden Literaturangaben und wissenschaftlichen Studien zum Neuen Unbewussten.*

Zaltman, G. (2003). *How Customers Think: Essential Insights into the Mind of the Market.* Harvard: Harvard Business School Press. *Gerarld Zaltman ist einer der Pioniere des Neuromarketing. Sein Buch bietet eine gute Einführung in Erkenntnisse der Hirnforschung und ihrer Bedeutung für das Marketing.*

Im Buch zitierte Fachartikel

Dijksterhuis, A./Maarten, W. B./Nordgren, L. F./van Baaren, R. B. (2006). On Making the Right Choice: The Deliberation-Without-Attention-Effect. *Science*, 311, S. 1005.

Dobrunz, U. E. G./Vetter, G. (2004). Implizites Lernen während unterschiedlicher Stadien einer Vollnarkose. In Kerzel, D./Franz, V./Gegenfurtner, K. (Hrsg.), *Beiträge zur 46. Tagung experimentell arbeitender Psychologen.* (S. 62). Lengerich: Pabst Science Publishers.

Fitzsimonis, G./Hutchinson, J. W./Williams, P. (2002). Non-Conscious Influences on Consumer Choice. *Marketing Letters*, 13, S. 269–279.

Kahneman, D./Frederick, S. (2002). Representativeness revisited: Attribute substitution in intuitive judgment. In: Gilovich, T./Griffin, D./Kahneman, D. (Eds.) *Heuristics and Biases: The Psychology of Intuitive Judgment.* New York: Cambridge University Press, 2002. S. 67–83.

McClure, S. M./Li, J./Tomlin, D./Cypert, K. S./Montague, L. M./Montague, P. R. (2004). Neural Correlates of Behavioral Preference for Culturally Familiar Drinks. *Neuron*, 44, S. 379–287.

Quiroga, Q. R./Reddy, L./Kreiman, G./Koch, C./Fried, I. (2005). Invariant Visual Representation by Single Neurons in the Human Brain. *Nature*, 435, S. 1102–1107 (Studie zum Halle-Berry-Neuron).

Shapiro, S. (1999). When an Ad's Influence is Beyond Our Conscious Control: Perceptual and Conceptual Fluency Effects Caused By Incidental Ad Exposure, *Journal of Consumer Research*, 26 (June), S. 16–36.

Strahan, E. J./Spencer, S. J./Zanna, M. P. (2002). Subliminal Priming and Persuasion: Striking While the Iron Is Hot. *Journal of Experimental Social Psychology*, 38, S. 556–568.

Web-Links zum Neuromarketing

http://www.richard.peterson.net/Neuroeconomics.htm

Umfangreiche Sammlung von Web-Links rund um das Thema Neuromarketing und -ökonomie. Viele weiterführende Literaturhinweise.

http://www.neuroeconomics.net/

Forschungszentrum der George Mason Universität (USA) zum Thema Neuroökonomie.

http://impbrain.shimojo.jst.go.jp/eng/index.htm

*Umfassendes Forschungsprojekt zum Verständnis der impliziten Lern- und Entscheidungsprozesse im Gehirn (bei dem unter anderem die Autoren dieses Buches und die Firma **decode Marketingberatung GmbH** mitwirken).*

http://www.unconscious-learning.uni-bremen.de/index.html

Forschungsprojekt der Universität Bremen zum impliziten Lernen in Vollnarkose.